坚持人与自然和谐共生

绿水青山就是金山银山

良好生态环境是最普惠的民生福祉

山水林田湖草是生命共同体

用最严格制度最严密法治保护生态环境

共谋全球生态文明建设

讲述生态文明的

中国故事

JIANGSHU SHENGTAI WENMING DE
ZHONGGUO GUSHI

曹立　郭兆晖◎编著

人民出版社

责任编辑：陈百万
封面设计：林芝玉
版式设计：汪　莹

图书在版编目（CIP）数据

讲述生态文明的中国故事 / 曹立，郭兆晖 编著 . — 北京：人民出版社，
　2020.10
ISBN 978 – 7 – 01 – 022495 – 4

I. ①讲…　II. ①曹…②郭…　III. ①生态环境建设 – 概况 – 中国
　IV. ① X321.2

中国版本图书馆 CIP 数据核字（2020）第 183582 号

讲述生态文明的中国故事

JIANGSHU SHENGTAI WENMING DE ZHONGGUO GUSHI

曹　立　郭兆晖　编著

人民出版社 出版发行
（100706　北京市东城区隆福寺街 99 号）

中煤（北京）印务有限公司印刷　新华书店经销

2020 年 10 月第 1 版　2020 年 10 月北京第 1 次印刷
开本：710 毫米 ×1000 毫米 1/16　印张：15.5
字数：160 千字

ISBN 978 – 7 – 01 – 022495 – 4　定价：56.00 元

邮购地址 100706　北京市东城区隆福寺街 99 号
人民东方图书销售中心　电话（010）65250042　65289539

目　录

代　序
深刻领会习近平生态文明思想的科学内涵

生态文明建设是关系中华民族永续发展的根本大计。党的十八大以来，以习近平同志为核心的党中央把生态文明建设作为统筹推进“五位一体”总体布局和协调推进“四个全面”战略布局的重要内容，开展了一系列根本性、开创性、长远性工作，推动生态环境保护发生历史性、转折性、全局性变化，形成了习近平生态文明思想。①习近平生态文明思想为实现人与自然和谐发展、建设美丽中国乃至美丽世界提供了强大思想指引、根本遵循和实践动力。

习近平生态文明思想深刻回答了为什么建设生态文明、建设什么样的生态文明、怎样建设生态文明的重大理论和实践问题，集中体现了社会主义生态文明观，指导我国走向社会主义生态文明新时代，成为习近平新时代中国特色社会主义思想不可分割的有机组成部分。

习近平生态文明思想有着丰富的内涵，可以概括总结为六个

---

① 2018年5月19日，中共中央政治局常委、国务院副总理韩正在全国生态环境保护大会作总结讲话中明确使用了“习近平生态文明思想”。

方面：坚持人与自然和谐共生、绿水青山就是金山银山、用最严格制度最严密法治保护生态环境、良好生态环境是最普惠的民生福祉、山水林田湖草是生命共同体、共谋全球生态文明建设。这六个方面也指明了我国社会主义生态文明建设的实践路径。

一、坚持人与自然和谐共生

习近平总书记指出："生态文明是人类社会进步的重大成果。人类经历了原始文明、农业文明、工业文明，生态文明是工业文明发展到一定阶段的产物，是实现人与自然和谐发展的新要求。历史地看，生态兴则文明兴，生态衰则文明衰。"①

人与自然的关系是人类社会最基本的关系。人与自然和谐共生是指人与自然是生命共同体，两者之间保持一种可持续发展的良好状态。人类尊重自然、顺应自然、保护自然，自然则滋养人类、哺育人类、启迪人类。从本质上看，人可以利用自然、改造自然，但归根结底是自然的一部分。这一点马克思主义经典作家已经作了大量论述，马克思指出人是自然界的一部分，恩格斯也强调人本身是自然界的产物。这不是说人就只能依附于自然，只能任凭自然摆布。人与自然应当是一种共生关系。人因自然而生，自然为人类社会的发展提供资源，而人类利用这些资源后所

① 《习近平关于社会主义生态文明建设论述摘编》，中央文献出版社 2017 年版。

产生的废物还要由自然来处理或存留在自然中。自然也需要人这个地球上最强势的物种来珍爱与呵护。

一部人类文明史就是人与自然关系的发展史。在渔猎文明阶段，人类与自然斗争，获得生存所需，恐怕还没有很多闲情逸致发现自然之美；在农业文明阶段，人类开始广泛利用自然，从自然获取资源以支撑自身发展，人类逐步学会欣赏自然的美丽；在工业文明初期阶段，人类自认为凌驾于自然之上，大量从自然攫取资源，把自然破坏得千疮百孔，自然的美丽褪色，一些地方生态环境恶化；在发达工业文明阶段，人类能上天入地下海，表面上征服了自然，但是自然也猛烈报复人类，这时人类开始修复自然、治理污染，重新恢复自然的美丽；在生态文明阶段，人与自然的关系才真正实现和谐共生，自然的美丽与人类社会的富强民主文明和谐交相辉映。

生态经济学把人与自然的关系抽象为经济系统与生态系统的关系。改革开放后，我国经济高速增长，但是带来众多生态环境问题。人们对发展与保护间的关系普遍存在误区：把生态系统作为经济系统的一部分，认为生态系统只是经济系统的资源供给和废弃物处理部门。因此，经济系统可以无限地扩大，生态系统的资源供给和废弃物处理能力就可以随着经济系统的扩大而扩大。而生态经济学认为经济系统是生态系统的一部分，而且生态系统的容量是有限度的，不可能随着经济系统扩张而无限扩大。2015年9月，习近平总书记在纽约联合国总部明确指出：“我们要构筑尊崇自然、绿色发展的生态体系。人类可以利用自然、改造自然，但归根结底是自然的一部分，必须呵护自然，不能凌驾于自然之上。”①

二、绿水青山就是金山银山

习近平同志在浙江工作期间提出了绿水青山就是金山银山的论断（简称“两山论”）。2006 年 3 月，习近平同志在中国人民大学的一次演讲中，进行了集中阐述“两山论”。他说：“人们在实践中对绿水青山和金山银山这‘两座山’之间的关系的认识经过了三个阶段：第一个阶段是用绿水青山去换金山银山，不考虑或者很少考虑环境的承载能力，一味索取资源。第二个阶段是既要金山银山，但是也要保住绿水青山，这时候经济发展和资源匮乏、环境恶化之间的矛盾开始凸显出来，人们意识到环境是我们生存发展的根本，要留得青山在，才能有柴烧。第三个阶段是认识到绿水青山可以源源不断地带来金山银山，绿水青山本身就是金山银山，我们种的常青树就是摇钱树，生态优势变成生态经济优势，变成一种完全浑然一体的关系，和谐统一的关系。”②

“两山论”深刻揭示了发展与保护的本质关系，更新了关于自然资源的传统认识，打破了简单把发展与保护对立起来的思维

① 习近平：《携手构建合作共赢新伙伴　同心打造人类命运共同体》，《人民日报》2015 年 9 月 29 日。

② 习近平：《干在实处　走在前列》，中共中央党校出版社 2013 年版。

束缚，指明了实现发展和保护内在统一、相互促进和协调共生的方法论。保护生态就是实现自然价值和增值自然资本的过程，保护环境就是挖掘经济社会发展潜力和后劲的过程，把生态环境优势转化成经济社会发展的优势，绿水青山就可以源源不断地带来金山银山。还要让为了获得金山银山而导致绿水青山受损的地方、让为了守住绿水青山但没有获得金山银山的地方、让为了修复绿水青山花了大把金山银山的地方能够得到合理的补偿。

自然价值、自然资本的概念是生态经济学的核心概念，生态经济学不再把生态环境作为一种给定的外界投入品，而是作为可以带来经济价值的资源（即自然价值），把生态环境所提供的生产方式看成为资本的一种类型，称为自然资本。2003 年 10 月，习近平同志与浙江省委党校部分学员座谈时就指出“生态环境是资源，是资产”①。党的十八届三中全会提出要深化生态文明体制改革，其中提出生态文明体制改革的前提是建立自然资源资产产权，“自然资源资产”的概念实质上就是自然资本。2015 年 9 月，习近平总书记主持召开中共中央政治局会议，审议通过了《生态文明体制改革总体方案》。会议认为，这是生态文明领域改革的顶层设计，把自然资本作为核心理念，强调“自然生态是有价值的，保护自然就是增值自然价值和自然资本的过程”②。党的十八届五中全会将绿色发展列为五大发展理念之一。2016 年 1 月，习

① 习近平：《干在实处　走在前列》，中共中央党校出版社 2013 年版。

② 中共中央国务院：《生态文明体制改革总体方案》（2015 年 9 月 21 日），http://www.gov.cn/guowuyuan/2015-09/21/content_2936327.htm。

近平总书记在省部级主要领导干部学习贯彻党的十八届五中全会精神专题研讨班开班式上明确指出“要坚定推进绿色发展，推动自然资本大量增值”①。

三、用最严格制度最严密法治保护生态环境

习近平总书记强调生态文明制度建设的重要性，指出：“保护生态环境必须依靠制度、依靠法治。只有实行最严格的制度、最严密的法治，才能为生态文明建设提供可靠保障。……在生态环境保护问题上，就是不能越雷池一步，否则就应该受到惩罚。”②

构建产权清晰、多元参与、激励约束并重、系统完整的生态文明制度体系，建立有效约束开发行为和促进绿色发展、循环发展、低碳发展的生态文明法律体系，发挥制度和法治的引导、规制等功能，为生态文明建设提供体制机制保障。

严密法治观的核心是自然资源资产产权制度，生态经济学运用科斯定理正是要解决自然资源如何建立产权的问题。我国宪法第九条规定“自然资源的矿藏、水流、森林、山岭、草原、荒地、滩涂等自然资源，都属于国家所有，即全民所有；由法律规定属

① 习近平：《在省部级主要领导干部学习贯彻党的十八届五中全会精神专题研讨班上的讲话》，《人民日报》2016 年 5 月 10 日。

② 《习近平关于社会主义生态文明建设论述摘编》，中央文献出版社 2017 年版。

于集体所有的森林和山岭、草原、荒地、滩涂除外。”这说明我国的自然资源资产产权从所有权上看是属于全民或集体所有，但是，我国自然资源的产权并不明晰，存在着所有者不到位、所有权边界模糊等问题。我国目前除了矿藏外，其他自然资源全民所有的所有权人不到位，生态产品的产权更是界限不清，这就要全面建立自然资源资产产权制度。因此，习近平总书记在党的十九大报告中明确提出“设立国有自然资源资产管理和自然生态监管机构，完善生态环境管理制度，统一行使全民所有自然资源资产所有者职责”①。

四、良好生态环境是最普惠的民生福祉

习近平总书记指出：“环境就是民生，青山就是美丽，蓝天也是幸福。要像保护眼睛一样保护生态环境，像对待生命一样对待生态环境。”②“良好生态环境是最公平的公共产品，良好生态环境是最普惠的民生福祉。”③

生态环境没有替代品，用之不觉，失之难存。随着我国社会生产力水平明显提高和人民生活显著改善，人民群众的需要呈现

---

① 习近平：《决胜全面建成小康社会 夺取新时代中国特色社会主义伟大胜利——在中国共产党第十九次全国代表大会上的报告》，人民出版社 2017 年版。

② 《习近平关于社会主义生态文明建设论述摘编》，中央文献出版社 2017 年版。

③ 《习近平总书记系列重要讲话读本》，学习出版社 2014 年版。

多样化多层次多方面的特点，期盼享有更优美的环境。坚持以人民为中心的发展思想，坚决打好生态环境保护攻坚战，增加优质生态产品供给，让良好生态环境成为提升人民群众获得感、幸福感的增长点。

加大生态保护修复，提供更多生态产品。要加强生态系统和环境保护建设，以“山水林田湖草”这一生命共同体为基础，优化国土空间开发格局，促进生产空间集约高效、生活空间宜居适度、生态空间山清水秀，划定生态红线，构筑生态安全格局。要积极探索生态修复保护模式、修复技术和生态工程建设措施，使遭到破坏的生态系统逐步恢复并向良性循环方向发展。要加强生态环境综合治理，充分利用先进生产技术，加强环境资源再生能力和生态自我修复能力。要不断提升生态环境承载能力，维护生态系统的稳定性和完整性，增强生态产品的生产能力和水平，给自然留下更多修复空间，给农业留下更多良田，给子孙后代留下天蓝、地绿、水净的美好家园，不断满足人民群众对干净的水、清新的空气、安全的食品、优美的环境越来越强烈的需求。

由于良好的生态环境是最公平的公共产品，生态经济学把公平分配生态环境资源作为一个重要原理。我国生态环境资源的基本属性要求我们更加重视公平分配。党的十八届四中全会要求“健全以公平为核心原则的产权保护制度”，党的十八届五中全会提出共享发展的理念，不仅物质产品要让人民共享，自然资本分配的利益也要让人民共享。因此，公平分配生态环境资源可以推动我国实现全体人民共同富裕。

五、山水林田湖草是生命共同体

习近平总书记在全国生态环境保护大会上强调："山水林田湖草是生命共同体，要统筹兼顾、整体施策、多措并举，全方位、全地域、全过程开展生态文明建设。"①

建立这种"统筹兼顾、整体施策、多措并举"的综合治理体系的核心是要把市场这只"看不见的手"与政府这只"看得见的手"的作用结合起来，实现市场在资源配置中起决定性作用，政府更好地发挥作用。2015年4月，中共中央、国务院印发了《关于加快推进生态文明建设的意见》指出："在深化自然资源及其产品价格改革，凡是能由市场形成价格的都交给市场，政府定价要体现基本需求与非基本需求以及资源利用效率高低的差异，体现生态环境损害成本和修复效益。"②

生态经济学揭示了如何把政府与市场结合起来整体保护、宏观管控、综合治理那些利用"山水林田湖草"所形成的各类具有不同特性的资源与产品。比如对于通过开采"山水湖"形成的资源性产品，要在原有的市场定价基础上，加上政府对于破坏生态

---

① 习近平：《推动我国生态文明建设迈上新台阶》，《求是》2019年第3期。

② 中共中央国务院：《关于加快推进生态文明建设的意见》（2015年5月5日）http://news.xinhuanet.com/politics/2015-05/05/c_1115187518.htm。

环境造成的负外部性的价格，以及对子孙后代产权补偿的价格；又如利用“林田草”生长获得的生态产品，由于缺乏市场定价，需要政府建立一个有效的市场进行合理估值定价；等等。

六、共谋全球生态文明建设

习近平总书记把生态文明建设作为人类命运共同体的重要组成部分，指出：“坚持绿色低碳，建设一个清洁美丽的世界。人与自然共生共存，伤害自然最终将伤及人类。空气、水、土壤、蓝天等自然资源用之不觉、失之难续。工业化创造了前所未有的物质财富，也产生了难以弥补的生态创伤。我们不能吃祖宗饭、断子孙路，用破坏性方式搞发展。绿水青山就是金山银山。我们应该遵循天人合一、道法自然的理念，寻求永续发展之路。”①

建设生态文明既是我国作为最大发展中国家在可持续发展方面的有效实践，也是为全球环境治理提供的中国理念、中国方案和中国贡献。国际社会应该携手同行，解决好工业文明带来的矛盾，共谋全球生态文明建设之路。各国人民同心协力，构建人类命运共同体，建设清洁美丽的世界，保护好人类赖以生存的地球家园。

建设绿色家园是人类的共同梦想。我国着力推进国土绿化、

---

① 《习近平关于社会主义生态文明建设论述摘编》，中央文献出版社 2017 年版。

建设美丽中国，通过“一带一路”建设等多边合作机制，互助合作开展造林绿化，共同改善环境，积极应对气候变化等全球性生态挑战，为维护全球生态安全作出应有贡献。正是本着对中华民族和全人类长远发展高度负责的精神，作为世界第二大经济体，我国在经济转型期，提出大力推进生态文明建设，走生态优先、绿色发展的道路，努力建设“美丽中国”、实现中华民族永续发展，既是着眼实现我国自身可持续发展的客观需要，也彰显了中国作为负责任大国为建设人类命运共同体、维护全球生态安全的强烈担当和积极贡献。

绿水青山就是金山银山

——浙江省湖州市践行“两山论”

“绿水青山就是金山银山”理念已经成为全党全社会的共识和行动，成为新发展理念的重要组成部分。实践证明，经济发展不能以破坏生态为代价，生态本身就是经济，保护生态就是发展生产力。希望乡亲们坚定走可持续发展之路，在保护好生态前提下，积极发展多种经营，把生态效益更好转化为经济效益、社会效益。

绿水青山就是金山银山。图为安吉县余村环境整治后。

一、背景导读

2005 年，时任浙江省委书记的习近平在湖州市安吉余村考察时，首次提出了“绿水青山就是金山银山”的重要思想。2005 年 8 月 24 日习近平在《浙江日报》的《之江新语》栏目中就生态文明建设提出了著名的“两山论”。他指出：我们追求人与自然的和谐，经济与社会的和谐，通俗地讲，就是既要绿水青山，又要金山银山。我省“七山一水两分田”，许多地方“绿水逶迤去，青山相向开”，拥有良好的生态优势。如果能够把这些生态环境优势转化为生态农业、生态工业、生态旅游等生态经济的优势，那么绿水青山也就变成了金山银山。绿水青山可带来金山银山，但金山银山却买不到绿水青山。绿水青山与金山银山既会产生矛盾，又可辩证统一。15年来，余村坚定践行这一理念，走出了一条生态美、产业兴、百姓富的可持续发展之路。2019年，余村成为远近闻名的全面小康建设示范村。余村现在取得的成绩证明，绿色发展的路子是正确的，路子选对了就要坚持走下去。不仅余村如此，浙江省坚持走“绿水青山就是金山银山”的绿色发展之路不动摇，一张蓝图绘到底，一任接着一任干，护美绿水青山，做大金山银山。2020年3月30日，习近平总书记在安吉余村考察时的讲话中强调：“绿水青山就是金山银山”理念已经成为全党全社会的共识和行动，成为新发展理念的重要组成部分。实践证明，经济发展不能以破坏生态为代价，生态本身就是经济，保护生态就是发展生产力。此次习近平总书记考察浙江，恰逢打“两战”重要节点，仍把“两山”理念发源地余村作为重要目的地，这传递出一个明晰信号：无论未来形势多困难、前方挑战多严峻，中国将始终坚定不移走绿色发展之路。

2006年习近平对“两山”的辩证关系进行了缜密论述。在实践中对绿水青山和金山银山这“两山”之间关系的认识经过了三个阶段：第一个阶段是用绿水青山去换金山银山，不考虑或者很少考虑环境的承载能力，一味索取资源。第二个阶段是既要金山银山，但是也要保住绿水青山，这时候经济发展和资源匮乏、环境恶化之间的矛盾开始凸显出来，人们意识到环境是我们生存发展的根本，要留得青山在，才能有柴烧。第三个阶段是认识到绿水青山可以源源不断地带来金山银山，绿水青山本身就是金山银山，我们种的常青树就是摇钱树，生态优势变成经济优势，形成了浑然一体、和谐统一的关系，这一阶段是一种更高的境界。三个阶段实现了两次关于“用绿水青山换取金山银山”的思想超越，但是，这超越都建立在“既要金山银山，也要绿水青山”的基本内涵之上。

湖州市确立“以人为本、城乡统筹、科学发展、生态文明、合作共赢”的基本理念，在实际行动中践行“两山”理念，用一个个鲜活的案例典范，初步探索出了具有理论启示、实践样板和制度经验的绿色发展与生态文明建设“湖州模式”。

二、具体做法

（一）坚持理念引领，一张蓝图绘到底

确定战略目标，强化生态文明建设整体设计。一是在战略决策上始终坚持“绿水青山就是金山银山”。湖州早在 2003 年就提出建设生态市的战略目标。2007 年把“生态优市”作为建设现代化生态型滨湖大城市的四大路径之一。2010 年，湖州市委出台《关于加快推进生态文明建设的实施意见》。2012 年，第七次市党代会明确提出创建全国生态文明建设示范区的决策部署。2014 年 5 月，湖州成为全国首个地市级生态文明先行示范区。二是在发展

规划上体现“绿水青山就是金山银山”。湖州先后制定了《湖州生态市建设规划》《生态环境功能区规划》《生态文明建设规划》等总规和低碳城市建设、循环经济发展等专规，把生态文明理念融入空间布局、基础设施、产业发展、环境保护等各个领域。三是在工作推进上保障“绿水青山就是金山银山”。湖州把生态文明建设与发展美丽经济、打造生态城市、建设美丽乡村等结合起来，坚决拒绝高污染、高能耗项目，努力取得人民群众看得见、摸得着、感受得到的实际成效。

创新工作机制，强化党员干部生态文明建设责任落实。一是强化组织领导。浙江省成立了由常务副省长任组长的协调小组，并在省发改委设立专门办公室。湖州及所辖各县区均成立了以党政“一把手”为组长的领导小组，设立了实体化运作办公室，形成了“省级统筹、市县联动、实体运作、统分结合”的运行机制。二是强化责任落实。结合《浙江省湖州市生态文明先行示范区建设方案》确定的“一个目标、四大定位、七大体系、十大示范工程”要求，湖州落实了建设方案的责任分工，制定了年度推进计划，细化了十大示范工程实施方案，建立了一套工作制度和推进机制，这让党员干部们能够了解任务、更好地推进工作。

坚持思想引领，强化生态文明建设理论支撑。湖州市委高度重视对“两山论”的学习，将其纳入市委理论学习中心组集中学习内容。市委中心组在《浙江日报》和《湖州日报》发表署名文章《坚定不移践行“绿水青山就是金山银山”》，体现了市委班子坚持以“绿水青山就是金山银山”为引领，转变发展理念、完善发展思路、加快绿色发展、建设美丽湖州的深入思考和坚定决心。

（二）深化干部生态文明理念教育

开展专题培训，强化生态文明建设骨干力量。湖州通过举办专题培训、开设专题讲座、组织专题调研，推动领导干部生态文明建设理念和能力的重点提升。湖州还通过专题调研的形式来促进生态建设专题培训的深入。湖州全面动员、组织各级主体班次学员，围绕“建设现代化生态型滨湖大城市”内容开展专题调研，在培育提升领导干部生态文明建设自觉参与意识、研究分析能力的同时，为湖州市深入推进“五水共治”“四边三化”等重点工作提供了有益参考。

（三）创新干部考核机制，牢固树立生态政绩观

湖州开展绿色 GDP 核算实践始于 2004 年，在国内实践中非常超前。依据生态环境的特点优化产业布局、调整产业结构、制定产业政策，引导相关企业生产、经营策略和发展方向，并探索建立符合绿色 GDP 要求和体现和谐社会建设理念的干部政绩考核制度。湖州市与北京师范大学合作，依托两项国家“863”项目支撑，于 2004 年在全国率先开展绿色 GDP 核算实践。2005 年，湖州形成“市绿色 GDP 核算体系应用研究”技术体系，2006 年

建立《湖州市绿色 GDP 核算软件系统》数据库，从 2008 年开始湖州正式将绿色 GDP 纳入市对县区综合考核体系。

生态考核“指挥棒”引领绿色发展。近年来，湖州生态文明建设考核积累了一套比较独特的经验。把生态文明建设作为领导班子考核重要方面，把服务生态文明建设作为领导干部实绩的重要内容，通过制定县区综合考核办法，细化生态文明指标，加大考核比重，出台差异化考核办法，合理设定考核分值，对乡镇进行定级分类，实行同类竞赛。

强化考核结果应用。在处理考核与结果运用关系上，湖州通过生态考核，倒逼发展方式转变，形成了生态自觉的良好氛围，促进了社会经济健康可持续发展。湖州把参与生态文明建设攻坚作为选人用人的重要依据。具体做法是，把服务和参与生态环境综合整治攻坚作为培养和选拔优秀干部的战场，在评定领导干部考核等次时，充分考虑工作实绩特别是在生态文明建设方面的实绩，通过实绩公示等办法，了解掌握群众口碑，作为干部使用、培养和奖惩的重要依据，以正确的用人导向促使各地各部门增强生态文明建设的自觉性和主动性。此外，将考核结果与财政补助挂钩也是湖州的特色做法。

湖州正在探索编制自然资源资产负债表和开展自然资源资产离任审计。编制自然资源资产负债表在中国目前实践中还没有现成的经验可以借鉴，理论研究也刚刚起步。2015 年国务院办公厅印发了《编制自然资源资产负债表试点方案》，明确将湖州列入全国五个试点地区之一。2015 年 7 月 2 日，湖州委托中国科学院地理科学与资源研究所负责的自然资源资产负债表编制项目经专家组充分论证，通过了验收评审。这意味着中国第一张市（县）自然资源资产负债表编制基本完成，具有重要的科学价值和示范意义。

（四）创新驱动绿色发展

加强科技创新平台建设。湖州深化与科研机构交流合作，建立生态文明产学研创新平台。加强与中科院、浙江大学和省级科研院所合作，引进合作共建生态文明建设创新平台。支持企业建立研发中心，打造生态企业创新平台。

加大适用技术研发推广力度。湖州积极引进、消化、吸收和再创新国内外关键技术，着力突破生态恢复、污染治理、循环经济、低碳经济、能源替代等领域的技术瓶颈。

加快培养和引进科技人才。湖州加强生态文明建设急需专业人才的引进，建设相关领域人才“小高地”。湖州坚持走开放合作路子，发挥高校院所科技人才的作用，造就了一批高水平的生态科技专家和生态文明建设领军人才；建立健全人才使用激励机制，调动和发挥专业人才的积极性、创造性，为生态文明建设提供强有力的智力支撑；借助本地生态文明“人才库”和“外脑”来弥补自身在生态文明科技人才领域的短板。

从根本上缓解经济发展与资源环境之间的矛盾，必须构建科技含量高、资源消耗低、环境污染少的产业结构，加快推动生产方式绿色化，大幅提高经济绿色化程度，有效降低发展的资源环境代价。湖州正是沿着这条路径，以创新驱动产业绿色化发展：打造“生态+”产业，发展新型绿色经济；调整优化产业结构，促进传统产业绿色转型升级；发展循环经济，减少废弃物，实现资源绿色化利用。

“生态+”产业发展。湖州是“生态+”的先行地，如何把生态资源转变为发展资本、生态优势转变为发展优势，湖州经历了十几年的摸索，走出了一条经济生态化、生态经济化的发展路子。近年来，湖州以“生态+”理念提升产业发展，架起了“绿水青山”与“金山银山”之间的桥梁，有力地促进了经济发展和群众致富。

推动循环经济发展。湖州市每年安排循环经济专项资金重点实施多个项目，通过规划引领、政策扶持和项目支撑，推动构建企业小循环、园区中循环、区域大循环的循环经济发展格局。

近年来，湖州围绕绿色发展和生态文明建设大局，率先探索发展绿色金融，取得了可喜成绩，积累了宝贵经验。一是在生态建设上强化金融保障。围绕“美丽乡村建设”“五水共治”“三改一拆”“治霾降值”“矿山整治”等环境治理重点项目，加大信贷供给力度与强度。二是在绿色发展上强化金融倒逼。采取“控制增量、消化存量”的方式，严格限制高耗能、高污染行业的信贷投入，腾出金融资源，进入绿色信贷。三是在经济转型和产业升级上强化金融引导。大力扶持科技型企业发展，引导金融资源投向“3+3”特色优势产业，推动产业结构变“轻”、经济形态变“绿”、发展质量变“优”。区域绿色金融改革示范效应已然显现。

创新助推湖州绿色金融迈出新步伐，绿色金融模式渐入人心，绿色金融业务推陈出新，绿色金融导向效果显著。湖州市正在制定《浙江省湖州市绿色金融改革创新综合试验区总体方案》，提出湖州市绿色金融改革试点工作的目标、任务、举措，明确发展绿色金融“一条主线、四大体系”的战略部署，即以建立基于自然资源资产负债表的绿色金融多元化支持体系为主线，创新发展绿色金融组织体系、产品体系、政策保障体系、基础设施体系四大体系，打造绿色金融湖州模式。

湖州建立了生态文明体制改革的基础性框架，构建产权清晰、多元参与、激励约束并重、系统完整的生态文明制度体系；建立归属清晰、权责明确、监管有效的自然资源资产产权制度；反映市场供求和资源稀缺程度，体现自然价值和代际补偿的生态补偿制度；更多运用经济杠杆进行环境治理和生态保护的资源要素市场体系。

（五）城乡一体美丽乡村促和谐

以民为本、不断满足人民群众的期待既是生态文明建设的出发点，也是生态文明建设的根本目的。湖州市各级党委、政府把人民群众的根本利益放在首位，树立群众观点、反映群众愿望，站在群众的立场上把握和处理生态文明建设涉及的重大问题，始终把尊重人民群众的意愿贯穿于工作的各方面、各环节，把生态文明建设的主动权交到广大群众手上，尊重民意、维护民利、依靠民资、强化民管，充分调动和发挥了人民群众的积极性和主动性，使湖州的生态文明建设在十多年来取得了显著的成效。

美丽乡村建设中的利益分享机制。中国要强，农业必须强；中国要美，农村必须美；中国要富，农民必须富。湖州在建设生态文明的进程中，始终坚持这一理念，将农业、农村、农民的发展放在了突出位置，以美丽乡村建设为载体，推进公共服务均等化，不断缩小城乡差距，古老乡村焕发出蓬勃朝气。如今，湖州的农村在交通、信息、公共服务方面与城市的差距越来越小，同时又能“看得见山，望得见水”，享有城市生活不具有的优势，“逆城市化”在湖州露出端倪。

新兴业态中的利益创造机制。除分享美丽乡村建设所带来的利益外，湖州借着生态文明建设东风，努力加快推动美丽乡村建设向美丽乡村经营转变，一批洋家乐、农家乐、渔家乐和乡村旅游等新业态蓬勃发展，拓宽了农民增收致富渠道，让美丽生态真正转变为实实在在的美丽经济，让百姓在生态建设的过程中获得效益，使生态建设成为百姓的自发行为和自觉行动。

三、专家点评

“绿水青山就是金山银山。”习近平总书记著名的“两山论”，如今已经深入人心，成为人们正确处理经济发展与生态保护辩证关系的指南。浙江湖州的绿色发展之路，正是这一思想成功指导实践的生动范例。展望未来，湖州的生态文明建设要继续在“两山”理念引领下开启新征程。湖州市践行“两山论”的主要亮点是：

1. 理念转变是最大动能。

湖州生态文明建设的历程，都是伴随着发展理念的变革和升华，实现了从“用绿水青山换金山银山”到“既要金山银山又要绿水青山”再到“绿水青山就是金山银山”发展理念上的历史性飞跃。坚持绿色发展理念的引领，是建设生态文明的最大动能和关键所在。纵观湖州的实践经验，重中之重就是要通过深入学习和宣传教育，让绿色发展理念深入人心，坚持一张“绿图”绘到底，让绿色成为湖州市高质量发展的最美底色。这启迪我们，要切实打赢环境整治、建设生态文明这一仗，不能只把目光集中在“环境整治”上，而是要立足全局，妥善处理好生态环境保护和经济发展之间的关系，把可持续发展、绿色发展理念贯穿生态文明建设的各阶段各环节、全过程，为增加群众收入、提升群众生活品质奠定基础，增加群众的获得感和幸福感。

2. 制度建设是强力保障。

制度创新是推动改革发展的制胜法宝，把绿水青山转化为金山银山，让老百姓“富口袋”的同时又有安居乐业的获得感，必须依靠体制、机制的保障。湖州市在着力推进立法、标准、体制

“三位一体”制度体系建设过程中，积累了丰富经验。不仅建立了激励相容的生态文明制度机制，调动了各级干部参与生态文明制度建设的积极性，而且成立高规格的生态文明先行示范区建设领导小组来统筹生态文明建设。这在实践中发挥了有效的调控作用，切实推进经济布局和生产技术的优化升级，实现了从源头上防控环境污染。湖州的另一制度建设创新是建立环境行政执法与刑事司法衔接机制，在浙江省率先成立市、县区两级法院环境资源审判庭，推动环境行政非诉讼案件“裁执分离”。此外，湖州通过一系列制度建设和创新，鼓励公众参与环境保护，保障公众的知情权和参与权。由此，湖州明确了政府、市场、社会三大主体的责任定位，通过制度创新，实现了协同治理。

3. 转型升级是内生动力。

绿色发展要从源头上杜绝污染，必须从发展方式上找到根源，加快调整经济结构，助推产业转型升级。湖州是认识生态环境冲突并在实践中解决冲突的先行者。在“两山理论”指导下，推动“高碳经济”向“低碳经济”转型、“线性经济”向“循环经济”转型，把“生态资本”变成“富民资本”，依托绿水青山培育新的经济增长点，这是遍布湖州大地的生动实践。在经济发展中加大对传统产业、重化工业的改造，走清洁化、循环化的路子，以此带动传统优势产业的改造提升。加快推进产业园区、集聚区的生态化建设，实现环境治理从点源治理向集中治理转变。

4. 先行先试是实践创新。

湖州市生态文明建设走在前列，这得益于湖州因地制宜推行试点，坚持试点先行，并及时总结试点经验，加以总结、提升和推广，使之发挥示范引领作用。湖州市率先探索自然资源资产产权制度改革，并编制完成自然资源资产负债表，积极开展领导干部自然资源资产离任审计试点，在全国率先建立了“绿色 GDP”核算应用体系。同时，湖州并没有因为自身的生态文明建设走在前列而忽视了借鉴学习，而是积极同其他地区交流合作，并主动向外推广试点经验。

努力打造青山常在、绿水长流、空气常新的美丽中国

——北京市造林绿化建设全面提速

中华民族生生不息，生态环境要有保证。开展全民义务植树是推进国土绿化的有效途径，是传播生态文明理念的重要载体。植树造林、保护森林，是每一位适龄公民应尽的法定义务。要坚持各级领导干部带头、全社会人人动手，鼓励和引导大家从自己做起、从现在做起，一起来为祖国大地绿起来、美起来尽一份力量。

平原造林打造绿色首都

一、背景导读

经过 40 多年建设，北京六环外的防风林带郁郁葱葱，成为城市生态环境的一道绿色屏障。从 1977 年世界防治沙漠化会议宣布“风沙紧逼北京城”，到今天翠屏拱卫，林海绕城。北京伴随着改革开放的步伐，在平原、山区、城市不懈播绿，广泛造林，一点点变化着容颜。改革开放以来，北京的绿化美化发展历程，大致经历了以下三个阶段。

第一阶段，1978 年至 1990 年，是快速发展阶段。1977 年在肯尼亚首都内罗毕召开的世界防治沙漠化会议上，北京被列入沙漠边缘城市，这一消息给北京生态建设敲响了警钟。1979年，中国植树节确立；1985年，全民首都义务植树日确立。从1986年开始，党和国家领导人每年春季到北京参加义务植树活动。中央领导集体率先垂范，北京的绿化美化建设进入快车道。“三北”防护林、太行山绿化工程、防沙治沙造林工程、水源保护林建设工程、一道绿化隔离地区建设和绿色通道建设等，在这期间相继启动。一片片苍翠蓊郁的绿覆盖了荒滩裸岩，肆虐风沙渐渐归于沉寂。

第二阶段，1991年至2010年，是全面发展阶段。2008年北京奥运会响亮地提出了“绿色奥运”口号。这期间，北京市实施了京津风沙源治理工程、退耕还林等重点造林工程，绿化隔离地区建设、“山山看红叶”、废弃矿山修复、京津冀生态水源保护林建设工程紧锣密鼓推进。

第三阶段，2011年至今，是品质提升阶段。面对七成森林在山区的不平衡生态格局，2012年北京打响了史无前例的平原造林战役，按照“两环、三带、九楔、多廊”的布局，新增城市森林，在中心城和新城之间、新城与新城之间，有了越来越多的绿色隔离空间。

习近平总书记连续八年在北京参加义务植树活动。在2013年4月2日提道：我们必须清醒地看到，我国总体上仍然是一个缺林少绿、生态脆弱的国家，植树造林，改善生态，任重而道远。在2014年4月4日提道：全国各族人民要一代人接着一代人干下去，坚定不移爱绿植绿护绿，把我国森林资源培育好、保护好、发展好，努力建设美丽中国。在2015年4月3日提道：绿化祖国，改善生态，人人有责。要积极调整产业结构，从见缝插绿、建设每一块绿地做起，从爱惜每滴水、节约每粒粮食做起，身体力行推动资源节约型、环境友好型社会建设，推动人与自然和谐发展。在 2016 年 4 月 5 日提道：十年树木，百年树人。10 年后，20 年后，你们可以回到这个地方来看看你们亲手栽下的树苗长得怎么样了。这是一件很有意义的事情。在 2017 年 3 月 29 日提道：造林绿化是功在当代、利在千秋的事业，要一年接着一年干，一代接着一代干，撸起袖子加油干。在 2018 年 4 月 2 日提道：前人栽树，后人乘凉，我们这一代人就是要用自己的努力造福子孙后代。在 2019 年 4 月 8 日提道：中华民族自古就有爱树、植树、护树的好传统。众人拾柴火焰高，众人植树树成林。要全国动员、全民动手、全社会共同参与，各级领导干部要率先垂范，持之以恒开展义务植树。在 2020 年 4 月 3 日提道：要牢固树立绿水青山就是金山银山的理念，加强生态保护和修复，扩大城乡绿色空间，为人民群众植树造林，努力打造青山常在、绿水长流、空气常新的美丽中国。

二、具体做法

（一）推进新一轮百万亩造林绿化增绿

改革开放 40 多年以来，首都园林绿化建设取得了巨大的成就。而绿色连通性不足，森林绿地生物多样性不丰富等问题成了新时代园林绿化建设的巨大挑战。为了让首都的绿色更完整，更有活力，北京市委市政府做出了实施新一轮百万亩造林绿化工程的重大决策，全面对接城市总规确定的绿色空间格局，并在 2018 年实现了良好的开局。2018 年起，北京全面实施新一轮百万亩造林绿化建设，计划至 2022 年，北京市新增森林绿地湿地面积 100 万亩，北京市“山区绿屏、平原绿海、城市绿景”的大生态格局正在形成中。

（二）促进城市森林进市中心

城市中心区，通过拆违建绿、留白增绿，一处处小微绿地、口袋公园、胡同微花园、城市森林多了起来。东椿树胡同微公园、什刹海东福寿里口袋公园、广阳谷城市森林、新中街城市森林……自 2018 年实施新一轮百万亩造林绿化建设以来，北京持续扩大绿化空间，通过完成“留白增绿”，建成多处城市公园、口袋公园、小微绿地、城市森林等，越来越多的绿色挤进了城市核心区，净化空气、带来绿荫，而环绕城市的“绿色项链”也在不断蔓延，为城市发展注入可持续发展的生态韧性。同时，在北京新机场、冬奥会、世园会、永定河、南中轴等重点区域，通过填空造林，连接连通原有的林地绿地，因地制宜建设小微湿地，也营造了大尺度、近自然的森林生态空间。在北京朝阳温榆河、昌平东小口地区和大兴狼垡地区都建起了万亩森林公园，改善了区域生态环境。

（三）推进城市副中心增绿

随着绿化项目稳步推进，林地绿地的新增、改造提升，多处大尺度郊野公园、森林湿地、公园的建成，北京市的生态格局已经初步形成，为北京市市级机关搬迁营造了优美的生态环境，也为构建蓝绿交织、清新明亮、水城共融的生态城市奠定了良好的基础。京津冀三地林业合作持续走向深入，永定河综合治理与生态修复加快推进。

三、专家点评

近年来，北京市立足首都城市战略定位，坚定绿色发展步伐，大力开展造林绿化建设，进一步改善生态环境，走出了一条绿色发展、可持续发展、跨越式发展道路。北京市造林绿化建设的主要亮点是：

1. 造林绿化建设是生态文明意识与观念深入人心的表现。

发展林业是全面建成小康社会的重要内容，是生态文明建设的重要举措。“众人拾柴火焰高，众人植树树成林。”义务植树不仅是全民参与生态文明建设的一项重要活动，而且是一项法定义务。同时应该看到，一方面，人们改善生态的愿望、爱绿植绿护绿的自觉性越来越强，城乡居民居家植绿、种养花草已成习惯，植纪念树、造纪念林成为风尚；另一方面，各地城镇周边、交通便利的地方已基本完成绿化，可用于义务植树的地块越来越少，宜林地大多处于远离城镇、交通不便的区域，人们参加义务植树越来越难。如何创新义务植树方式，成为新的课题。

2. 造林绿化建设是“一任接着一任干”实干哲学的不断传承。

近年来，造林绿化、抚育管护、自然保护、认种认养、设施修建、捐资捐物、志愿服务……不断创新的方式，正在让全民义务植树工作向更深层次、更广领域、更大范围发展。特别是伴随着互联网应用的推广普及，“网络植树”已经成为可能，不仅增进了义务植树的群众性和广泛性，而且激发了义务植树的成就感和荣誉感。许多地方通过全民义务植树网，向当年完成植树义务的人颁发尽责电子证书，这不仅是激励人们参与义务植树的一种手段，也是新形势下义务植树工作的一项创新。

3. 造林绿化建设是“绿水青山就是金山银山”理念的践行。

“纤纤不绝林薄成，涓涓不止江河生。”只有日积月累植树造林的潜功，才能造就青山叠翠、江山如画的显功。当前，我国生态欠账依然很大，缺林少绿、生态脆弱仍是一个需要下大气力解决的问题。全国动员、全民动手、全社会共同参与，用足植树造林、增绿护绿的功夫，我们就一定能不断创造更可持续的发展条件和更加宜居的生活环境，建设好天更蓝、山更绿、水更清的美丽中国。

同筑生态文明之基、同走绿色发展之路

——北京市世界园艺博览会传播绿色发展理念

北京世界园艺博览会以“绿色生活，美丽家园”为主题，旨在倡导人们尊重自然、融入自然、追求美好生活。北京世界园艺博览会园区，同大自然的湖光山色交相辉映。我希望，这片园区所阐释的绿色发展理念能传导至世界各个角落。

2019 年 10 月 9 日，中国北京世界园艺博览会闭幕。图为北京世园会园区内的永宁阁。

一、背景导读

园艺博览会是由国际展览局（BIE）认可、国际园艺生产者协会（AIPH）批准举办的国际性园艺展会，根据举办规模和时间等分为 A1、B、C、D 四类，A1 类为最高级别。1999 年，以“人与自然——迈向 21 世纪”为主题的世园会在云南昆明成功举办，这是中国首次举办专业的 A1 类世园会。

2019 年中国北京世界园艺博览会，简称“2019 北京世园会”主题为“绿色生活，美丽家园”。园区设在北京市延庆区，规划总面积 960 公顷，举办时间为 2019 年 4 月 29 日至 2019 年 10 月

7 日，展期 162 天。有 110 个国家和国际组织以及全国 31 个省区市、港澳台地区在内的 120 多个非官方参展者参会，是历届 A1 类世园会参展方最多的一届。参展方遍布欧洲、北美、非洲、拉美、大洋洲和亚洲；相关参展国家和国际组织建设 41 个室外展园。这是继 1999 年昆明世园会后，中国时隔 20 年再度举办国际最高级别的园艺博览会。

核心园区总面积 503 公顷，有着“一心、两轴、三带、多片区”的山水田园格局。其中，四大主场馆为中国馆、国际馆、生活体验馆和植物馆；“三带”为妫河生态休闲带、园艺生活体验带和园艺科技发展带；“多片区”有世界园艺展示区、中华园艺展示区等多个片区。

2019 年 4 月 28 日，习近平主席在北京延庆出席 2019 年中国北京世界园艺博览会开幕式，并发表题为《共谋绿色生活，共建美丽家园》的重要讲话。地球是全人类赖以生存的唯一家园。我们要像保护自己的眼睛一样保护生态环境，像对待生命一样对待生态环境，同筑生态文明之基，同走绿色发展之路！

二、具体做法

2019 年中国北京世界园艺博览会的办会目标是“世界园艺新境界，生态文明新典范”。

时代特色：2019 北京世园会充分汇集世界各国最新的园艺创

新资源，充分展示人类科技文化创新的最新成果，全面反映进入新世纪以来全球绿色创新、科技创新、文化创新的新趋势，反映世界各国人民追求绿色生活、建设美丽家园的新常态。

中国风格：2019 北京世园会努力把源远流长的中华文明、博大精深的中华文化内化到世园会的总体规划、园区建设、园艺展示、活动策划、综合服务等各个环节，积极传播和发展中国园艺文化，让世界感知中国，让中国融入世界，推动中国由世界园艺生产大国向世界园艺产业强国迈进，为世界园艺事业发展作出中国应有的贡献。

北京品牌：2019 北京世园会紧紧围绕把北京建设成为国际一流的和谐宜居之都的目标，积极营造“让园艺融入自然、让自然感动心灵、让人类与自然和谐共生”的山水大花园，举办一届集园艺、科技、文化、旅游等多功能于一体，与八达岭长城交相辉映的园艺盛会。

文化盛宴：2019 北京世园会汇聚众多国家和国际组织等官方参展者，众多国内省、自治区、直辖市及国内外专业机构和企事业单位等非官方参展者以及参观者。深化相互交流，促进共赢发展，让绿色成为生活的主旋律，让园艺成为创意的新载体，打造“世界园艺新境界，生态文明新典范”的文化盛宴。

（一）追求人与自然和谐

山峦层林尽染，平原蓝绿交融，城乡鸟语花香。这样的自然美景，既带给人们美的享受，也是人类走向未来的依托。无序开发、粗暴掠夺，人类定会遭到大自然的无情报复；合理利用、友好保护，人类必将获得大自然的慷慨回报。我们要维持地球生态整体平衡，让子孙后代既能享有丰富的物质财富，又能遥望星空、看见青山、闻到花香。

（二）追求绿色发展繁荣

绿色是大自然的底色。绿水青山就是金山银山，改善生态环境就是发展生产力。良好生态本身蕴含着无穷的经济价值，能够源源不断创造综合效益，实现经济社会可持续发展。

（三）追求热爱自然情怀

“取之有度，用之有节”是生态文明的真谛。我们要倡导简约适度、绿色低碳的生活方式，拒绝奢华和浪费，形成文明健康的生活风尚。要倡导环保意识、生态意识，构建全社会共同参与的环境治理体系，让生态环保思想成为社会生活中的主流文化。要倡导尊重自然、爱护自然的绿色价值观念，让天蓝地绿水清深入人心，形成深刻的人文情怀。

（四）追求科学治理精神

生态治理必须遵循规律，科学规划，因地制宜，统筹兼顾，打造多元共生的生态系统。只有赋之以人类智慧，地球家园才会充满生机活力。生态治理，道阻且长，行则将至。我们既要有只争朝夕的精神，更要有持之以恒的坚守。

（五）追求携手合作应对

建设美丽家园是人类的共同梦想。面对生态环境挑战，人类是一荣俱荣、一损俱损的命运共同体，没有哪个国家能独善其身。唯有携手合作，我们才能有效应对气候变化、海洋污染、生物保护等全球性环境问题，实现联合国 2030 年可持续发展目标。只有并肩同行，才能让绿色发展理念深入人心、全球生态文明之路行稳致远。

三、专家点评

习近平主席在 2019 年中国北京世界园艺博览会开幕式上发表题为《共谋绿色生活，共建美丽家园》的重要讲话。这篇讲话让我们更好地理解了坚持人与自然和谐共生的理念，而世界园艺博览会正是这一理念的极佳实践。

1. 人与自然关系是人类社会最基本的关系，这种关系可以从历史与本质两个层面来认识。

从历史上看，一部人类文明史就是人与自然关系的发展史：在渔猎文明阶段，人类与自然斗争，只能从生态环境获得生存的需要，还没有空闲发现自然的美丽；在农业文明阶段，人类开始利用自然，从自然获取资源支撑自身发展，逐步学会欣赏自然的美丽；在工业文明初期阶段，人类自认为凌驾于自然之上，大肆从自然攫取资源，把自然破坏得千疮百孔，自然的美丽正在褪色，生态环境恶化得不适合人类生存；在发达工业文明阶段，人类已经能上天入地下海，表面上征服了自然，但是自然也猛烈地报复，这时人类开始修复自然，治理污染，重新发现自然的美丽；在生态文明阶段，人与自然的关系才真正实现和谐共生，自然的美丽与人类社会的富强民主文明和谐交相辉映。从本质上看，人可以利用自然、改造自然，但归根结底是自然的一部分。这一点，马克思主义经典作家已经做了反复论述：马克思指出人是自然界的一部分，恩格斯也曾说人本身是自然界的产物。这不是说人就依附于自然，只能任凭自然摆布。人与自然更是一种共生关系。人因自然而生，自然为人类社会的发展提供资源，而人类利用自然提供的资源所产生的废物还要由自然来处理或堆积在自然中。自然也需人爱，需要这个地球上最强势的物种来珍爱与呵护。

2. 人与自然和谐共生是指人与自然是生命共同体，是人与自然关系的一种可持续发展的状态。

人类尊重自然、顺应自然、保护自然，而自然也滋养人类、哺育人类、教化人类。中国的古人早就认识到人与自然和谐共生，提出了天人合一的思想。老子说：“人法地，地法天，天法道，道法自然。”道法自然其实就是讲人类要遵循自然规律。孔子说：“子钓而不纲，弋不射宿。”意思是不用大网打鱼，不射夜宿之鸟。荀子说：“草木荣华滋硕之时则斧斤不入山林，不夭其生，不绝其长也。”《吕氏春秋》中说：“竭泽而渔，岂不获得？而明年无鱼。”这些都是讲对自然要“取之有度，用之有节”。人与自然和谐共生关系更通俗地讲就是绿水青山就是金山银山，要在按照自然规律保护生态环境的同时，又要把大自然的资源合理地转变成人类社会的财富。

3. 北京世界园艺博览会以“绿色生活，美丽家园”为主题为我们进一步诠释了人与自然和谐共生的真谛。

一是中华大地天更蓝、山更绿、水更清、环境更优美，看得见星星、听得见鸟鸣、闻得到花香，人与自然真正实现和谐共生，成为生命共同体。二是老百姓呼吸上新鲜的空气、喝上干净的水、吃上放心的食物、生活在宜居的环境中、切实感受到经济发展带来的实实在在的环境效益。国家提供更多优质生态产品以满足人民日益增长的优美生态环境需要。三是我国还将给全世界提供优质的生态产品，为全球生态安全作出贡献，实现绿水青山就是金山银山的治理环境的中国方案，共同建设美丽地球家园，共同构建人类命运共同体。

建设好让人民满意的高质量城市

——上海市奋力创造新时代新奇迹

文化是城市的灵魂。城市历史文化遗存是前人智慧的积淀，是城市内涵、品质、特色的重要标志。要妥善处理好保护和发展的关系，注重延续城市历史文脉，像对待“老人”一样尊重和善待城市中的老建筑，保留城市历史文化记忆，让人们记得住历史、记得住乡愁，坚定文化自信，增强家国情怀。

上海古猗园

一、背景导读

上海自1843年开埠以来，逐步发展为今天的国际大都市，城市更新始终贯穿于不同的发展阶段。鸦片战争后上海被迫开埠，随着英、美、法等租界的辟设，城市化进程加速，老城厢和租界地区连接成片，城市形态初步奠基。新中国成立后，百废待兴，快速恢复生产、发展经济成为上海城市发展的首要目标。由于经济财力紧张，城市资金主要用于发展生产，城市功能由“消费型城市”向“生产型城市”转化，城市扩展主要表现为市区外围近郊工业区的建设和闵行、吴泾、嘉定、安亭、松江等一批卫星城镇的规划建设。旧区更新主要是通过“挖潜改造”来展开，在有限的范围内缓解人口密集、居住混杂、交通拥挤和环境污染等城市问题。改革开放后，上海进入了一个快速发展的新时期。上海城市发展在指导思想上开始从长远考虑、高瞻远瞩、面向世界、面向21世纪、面向现代化。1990年浦东开发开放，城市扩张成为城市建设的主流，浦东新区、近郊区和卫星城发展建设突飞猛进。城市更新则在内涵上逐步丰富，新的政策导向、更新类型和更新模式开始涌现。进入21世纪，上海的战略地位和城市格局都发生了巨大深刻的变化，上海的城市使命被定位为“在参与国际竞争的同时，带动长三角区域联动，进一步服务全国”。这一时期，城市扩张与城市更新呈现齐头并进的格局，二者相互促进，联动发展。

2014年上海召开第六次规划土地工作会议，会议提出，“上海建设用地规模要实现负增长”，“通过土地利用方式转变来倒逼城市转型发展”。2014年上海市政府发布的《关于编制上海新一轮城市总体规划的指导意见》和《关于进一步提高本市土地节约集约利用水平的若干意见》中明确提出“总量锁定、增量递减、存量优化、流量增效、质量提高”的要求。2014年以来，上海市颁布《上海市城市更新实施办法》（沪府发〔2015〕20号）、《上海市城市更新规划土地实施细则（试行）》（沪规土资详〔2015〕620号）、《关于本市盘活存量工业用地的实施办法》（沪府办〔2016〕22号）等规划与土地配套政策和《上海市15分钟社区生活圈规划导则》（2016年8月）、《上海市街道设计导则》（2016

年 10 月）等聚焦城市更新的规划导则。2015 年上海首届城市空间艺术季以“城市更新”为主题；2016 年上海启动了“共享社区、创新园区、魅力风貌、休闲网络”四大城市更新试点行动；2016 年上海面向全球发起城市设计挑战赛，重点聚焦强化城市治理，提升城市更新水平和建设品质；2016 年、2017 年连续两年发起社区空间微更新计划。《上海市城市总体规划（2016—2040）》提出，上海要建设“卓越的全球城市，令人向往的创新之城、人文之城、生态之城”。

二、具体做法

（一）已形成点线面相结合的历史文化风貌保护体系

在规范引领下，城市更新也在逐步转变理念和方法，从有机更新的规划、政策、管理和行动模式等方面进行了深入探索，走出一条具有上海特色的“城市有机更新”之路。特别是在加强历史文化风貌保护方面，采取最严格的措施，保护好延续好这座城市的文脉和记忆。以城市更新的全新理念推进旧区改造工作，进一步处理好留、改、拆之间的关系，以保护保留为原则，拆除为例外。从“拆、改、留”到“留、改、拆”，进一步强化城市更新过程中的历史积淀意识，探索新形势下的风貌保护路径和多样化的空间重塑激活机制。

对于历史文化风貌，首先是扩大保护范围。从优秀历史建筑、风貌保护道路到风貌保护区、风貌保护街坊，形成了点线面相结合的历史文化风貌保护体系。其次是加强配套政策立法。出台《关于深化城市有机更新，促进历史风貌保护工作的若干意见》，重点针对保护对象、资金筹措和管理体系等提出新要求，开展《上海市历史文化风貌保护条例》立法准备工作。

（二）加大房地产市场调控力度，大幅增加租赁住房用地

土地和空间是城市发展的重要资源，土地利用方式影响着城市发展模式和城市治理理念。上海自 2013 年起提出“五量调控”土地新政，通过上海土地利用方式转变，促进城市发展方式、社会治理方式、政府工作方式转变。

通过新一轮总体规划编制、划示“新三线”，锁定了上海未来城市空间发展和土地利用的基本格局。同时大力推进减量化工作，减量化复垦的土地将优先用于生态建设。坚持存量用地盘活与闲置土地处理并举，会同相关部门联合制定上海市盘活存量工业用地实施办法，建立多方利益平衡的存量转型开发机制。推行工业用地弹性年期出让制度。实行土地全生命周期管理。优化房地产市场供应结构。加大房地产市场调控力度，实行土地复合出让，强化用地交易资金来源监管，严控投机。按照“商品住房用地稳中有升、保障性住房用地确保供应、租赁住房用地大幅增加”的原则，在确保土地可持续供应的基础上，充分考虑市场需

求，有序加大住宅土地供应，保障中小套型供应比例，调整优化商业办公规模布局，在就业密集、产城融合重点区域以及轨道交通站点周边区域推出租赁住房用地，构建租售并举的住房体系。

（三）精细化地理信息应用于城市管理

在“大、云、平、移”的互联网背景下，规划国土资源管理主动适应信息时代的发展要求，发挥平台作用，助力提升上海城市现代化治理水平。

以空间基础数据信息平台建设为契机，以不动产登记系统、城市发展战略数据库、地理空间信息数据库等为基础，构建规划国土信息交互的动态管控平台，同步整合上海市经济社会发展相关数据，为实现城市动态治理和智慧治理打好基础。

发挥测绘、地质工作服务作用。从确保城市安全的高度出发，开展上海市地理国情普查、基础性地质调查、地面沉降监测等工作。建立地理信息公共服务平台，在建设交通、公安消防、应急保卫、气象灾害预警等管理系统中实现深度应用，为城市精细化管理提供了数据支撑。

（四）构建“三个1000km以上”区域轨道交通网络

以强化科技创新、金融商务、文化创意、高端制造等“全球城市”核心功能为主线，以规划土地供给侧改革为抓手，支持科创中心建设；强化航空、航运、陆运、信息枢纽等支撑功能，构建由市域线、市区线、局域线构成的区域轨道交通网络，建设具有较强辐射和服务能力的国际综合枢纽和门户；强化与创新经济和创新发展相适应的、吸引全球创新创业人才的服务设施和服务环境等基础功能，完善便捷高效的现代化基础设施体系，巩固提升实体经济能级，激发城市持续活力，建设更具活力的繁荣创新之城。

三、专家点评

上海市城市更新建设紧紧扎根于人民、紧紧依靠人民，优化城市产业经济结构，加快城市产业转型，加大城市历史文化保护力度，推动城市管理向城市治理的转型，加强城市生态环境保护，大力建设让人民满意的高质量发展的城市。上海市城市更新建设的主要亮点是：

1. 城市更新建设以促进城市高质量发展为目标。

远离粗放式的造城观念，用以人民为中心的发展思想建设城市，提升城市功能品质，推动城市产业转型升级；立足于改善人居环境的基本要求，致力于提高城市治理水平，着眼于城市经济产业发展的需求，培育新的城市经济增长动力，努力实现城市高质量发展。

2. 城市更新建设以提升居民的获得感、幸福感和安全感为前提。

2015 年 12 月举行的中央城市工作会议指出：城市工作要把创造优良人居环境作为中心目标，努力把城市建设成为人与人、人与自然和谐共处的美丽家园。上海市城市更新建设明确城市的核心是人、城市更新建设的效果根据人民群众满意与否来判断，并广泛听取群众意见，努力创造宜业、宜居、宜乐、宜游的良好环境，让人民有更多获得感，为人民创造更加幸福的美好生活。

3. 城市更新建设以老旧小区改造工程为抓手。

城镇老旧小区改造涉及面广、持续时间长，既是重要的民生工程，也是社会治理提升工程。上海市城市更新建设不仅积极优化市政基础设施、完善基本公共服务功能、改善公共空间环境等，而且创新社区基层治理体系，引导居民主动参与，实现决策共谋、发展共建、建设共管、效果共评、成果共享，促进构建“纵向到底、横向到边、协商共治”的城市治理体系，打造共建共治共享社会治理格局。

4. 城市更新建设以保障城市困难群众为底线。

坚持以人民为中心的发展思想，加大城市困难群众住房保障工作，强化城市发展中的底线意识，促进城市发展的公平正义，让城市广大居民享受到城市高质量发展带来的红利。

推动城乡自然资本加快增值

——重庆市建设山清水秀美丽之地

重庆集大城市、大农村、大山区、大库区于一体，协调发展任务繁重。要促进城乡区域协调发展，促进新型工业化、信息化、城镇化、农业现代化同步发展，在加强薄弱领域中增强发展后劲，着力形成平衡发展结构，不断增强发展整体性。保护好三峡库区和长江母亲河，事关重庆长远发展，事关国家发展全局。要深入实施“蓝天、碧水、宁静、绿地、田园”环保行动，建设长江上游重要生态屏障，推动城乡自然资本加快增值，使重庆成为山清水秀美丽之地。

三峡工程全景图

一、背景导读

中共中央总书记、国家主席、中央军委主席习近平于2016年1月4日至6日在重庆调研时强调，创新、协调、绿色、开放、共享的发展理念，是在深刻总结国内外发展经验教训、分析国内外发展大势的基础上形成的，凝聚着对经济社会发展规律的深入思考，体现了“十三五”乃至更长时期我国的发展思路、发展方向、发展着力点。全党同志要把思想和行动统一到新的发展理念上来，崇尚创新、注重协调、倡导绿色、厚植开放、推进共享，努力提高统筹贯彻新的发展理念能力和水平，确保如期全面建成

小康社会、开启社会主义现代化建设新征程。

习近平总书记深入港口、企业考察调研，就贯彻落实党的十八届五中全会精神和中央经济工作会议精神进行指导。考察期间，习近平听取了重庆市委和市政府工作汇报，对重庆近年来经济社会发展取得的成绩和各项工作给予肯定。他希望重庆发挥西部大开发重要战略支点作用，积极融入“一带一路”建设和长江经济带发展，在全面建成小康社会、加快推进社会主义现代化中再创新的辉煌。

习近平总书记指出，重庆集大城市、大农村、大山区、大库区于一体，协调发展任务繁重。要促进城乡区域协调发展，促进新型工业化、信息化、城镇化、农业现代化同步发展，在加强薄弱领域中增强发展后劲，着力形成平衡发展结构，不断增强发展整体性。保护好三峡库区和长江母亲河，事关重庆长远发展，事关国家发展全局。要深入实施“蓝天、碧水、宁静、绿地、田园”环保行动，建设长江上游重要生态屏障，推动城乡自然资本加快增值，使重庆成为山清水秀美丽之地。

二、具体做法

“建设长江上游重要生态屏障，推动城乡自然资本加快增值，使重庆成为山清水秀美丽之地。”重庆围绕这个推进生态文明建设的总遵循、总要求，提出“加快建设美丽山水城市，突出环境问题得到有效治理，三峡库区环境保护和生态建设得到加强，筑牢长江上游重要生态屏障，巴渝大地成为山清水秀美丽之地”等具体要求和奋斗目标。

重庆市规划局从三个层面加快落实“建设山清水秀美丽之地”要求。一是市域层面，加快重庆市“多规合一”一张图，深化生态保护红线、城市开发边界等划定。开展市域生态空间管控规划、“三江”岸线保护利用规划，启动国家公园规划建设试点。二是主城层面，开展城市规划“留白”机制和方案研究。推进“四山”生态游憩规划编制及实施，加快主城“两江四岸”消落带整治，深化主城一级支流修复规划并推进实施，开展滨江公园步道规划。深化生态修复总体规划，推进山体、水体、绿地等修复专项。开展主城排水分区的海绵城市详细规划。三是区县层面，加快区县城山系、水系、绿系落地。推进海绵城市详细规划，深化区县城生态修复试点，纳入控规管理。启动特色小镇、美丽乡村规划试点，完善相应政策标准体系。

（一）统筹谋划、整体推进

从重庆市空间布局、产业发展、生态保护、环境治理、制度保障等多个维度来推进。

一是大都市区与生态发展区必须协同推进。深入实施功能区域发展战略，促进各功能区域发展差异化、资源利用最优化和整体功能最大化，加快重庆市一体化发展。坚持重庆市“一盘棋”，严守生态保护红线、严格管控区域生态空间，各区域板块之间严格按照功能定位，坚持有所为、有所不为。大都市区作为重庆建设国家中心城市、长江上游地区经济中心和成渝城市群的主要支撑，在集聚各类高端发展要素、集中打造现代化国际大都市和高新产业集群的同时，重点围绕绿色低碳循环发展、空气环境质量改善、饮用水源保护、生产生活污水处理等方面，统筹做好环境保护工作，坚决杜绝走先污染后治理、重地上轻地下、重显绩轻潜绩的老路。占重庆市面积 65% 的渝东北、渝东南生态发展区着眼建成以生态经济为支撑的生态发展区，强化生态屏障功能，坚持面上保护、点上开发，推动产业发展生态化、生态资源产业化，建设绿色发展示范区。在生态环境保护上，用“快思维”做加法，快干实干、保优控差、减量提质，在产业发展上特别是一些可能会对生态环境造成较大影响的项目上，要用“慢思维”做减法，把产业发展和环境保护的“两化”要求落到实处。

二是水、气、土等环境要素联动治理。集中人力物力财力全面打好水、大气、土壤污染防治三大攻坚战役。对重点区域、重点问题既要精准发力、单兵突击、点上突破，又要做到系统谋划、区域协同、面上提升。主城区空气质量优良天数增加，细颗粒物（$PM_{2.5}$）浓度下降，空气重污染天数减少；落实最严格的分级分类管控措施，重庆市水源涵养、水土保持、生物多样性等重要生态功能得到有效保障和提升。

三是城乡环保基层基础工作一体推动。筑牢长江上游重要生态屏障，城市和农村两个板块缺一不可，顶层设计与基层基础两个端口缺一不可。农村乡镇普遍处于经济发展相对不足、环境基础设施相对滞后、环境管理能力相对薄弱的阶段，要实现农业增效、农民增收、农村增绿，达到城乡共美的目标，农村生态环保短板必须及时补齐补强。以三峡库区为重点，大力推进长江防护林建设、石漠化和消落区治理、水土流失治理、退耕还林还草等重大生态修复工程，加强农业面源污染防治，合理控制化肥农药施用强度，加快城乡自然资本增值，推动绿色发展示范，补齐生态产业发展短板；加快农村乡镇环境基础设施规划、建设和管理运维，确保全面完成区县城污水处理设施扩建与改造，实现乡镇污水处理设施和垃圾收运设施全覆盖，补齐基础设施短板。

（二）以人民为中心，强化问题导向

坚持生态优先、绿色发展，突出发展的绿色本底，严守底线，确保长江重庆段水质流出好于或不低于流入、主城区年空气质量优良天数保持300天左右、不发生重大环境事件，坚决保护好三峡库区和长江母亲河，促进人与自然和谐发展。加强工业污染防治，确保钢铁、火电等重点行业达标计划实施取得明显成效；强化大气污染防治，落实黄标车淘汰、挥发性有机物治理、扬尘污染管控等措施，建立完善跨区域联防联控机制；巩固和提升建成区湖库整治成果，全面推动落实城市黑臭水体和次级河流不达标水体整治；全面开展第二轮污染源普查和土壤污染详查，深化重点流域区域水污染和农业面源污染防治，治理噪声扰民问题。全面提升生态环境质量，顺应人民群众对生态环境的关切和期盼，为人民群众提供良好的生态环境公共产品。以中央环保督察反馈意见整改落实为契机，凝聚各方共识，整合各方资源，限时抓好具体问题的整改落实。对已具备全面整改条件的问题，立行立改、全面整改；对需要一段时间才能解决的问题，严格打表、分时段推进整改；对带有普遍性、倾向性的重点问题，深挖细查、把握规律、重点整改；对带有制度性、根本性的问题，从完善体制机制入手，从源头上强化整改。

（三）强化生态文明制度保障，久久为功

习近平总书记指出，“要深化生态文明体制改革，尽快把生态文明制度的‘四梁八柱’建立起来，把生态文明建设纳入制度化、法治化轨道。”事业成与败，制度是根本。党的十八大以来，按照中央的总体部署并结合特殊市情，重庆加快推进生态文明体制改革，形成了一批制度成果，启动了一批改革试点，为筑牢长江上游重要生态屏障提供了重要内生动力。

一是从制度上加强生态保护。建立生态红线管控和生态保护补偿制度，健全自然资产产权和用途管制制度，深入推进生态环境损害赔偿制度、领导干部自然资源资产离任审计、自然资源资产负债表编制等改革试点。

二是从制度上严控环境污染。完善长江生态环境协调保护治理机制，全面推行河长制；探索建立资源环境承载能力监测预警机制，将各类开发活动限制在资源环境承载能力之内；完善污染物排放许可制度，逐步建立覆盖所有固定污染源的排放许可制度；完善环境行政执法与刑事司法联动机制。

三是从制度上推动绿色发展。落实产业投资禁投清单和工业项目环境准入规定，除在建项目外，长江干流及主要支流岸线 1 公里范围内禁止审批新建重化工项目，5 公里范围内严禁新布局工业园区；实施循环发展引领计划，大力发展循环经济；完善用能权、碳排放权、排污权、水权等交易制度，充分发挥重庆环交所、环投公司、环保投资基金三大平台作用，运用市场手段配置

环境资源，运用经济手段强化环境约束。

四是从制度上突出共建共享。建立完善环境保护督察制度和领导干部生态环境损害责任追究制度，层层压实环境保护“党政同责、一岗双责”，从制度上厘清管理职责；建立完善环境信息公开和公众参与制度，把宣传教育作为环境保护核心业务来抓，形成人人自觉保护生态环境的良好社会风尚。

五是从制度上提升治理能力。按照“系统化、科学化、法治化、精细化、信息化”的要求，以加强环保能力建设为抓手，构建严格的环境监察体系、先进的环境监测预警体系、完备的环境执法监督体系、高效的环境信息化支撑体系，提升环境治理体系和治理能力现代化。

（四）加快城乡绿化工作

抓好重点工程造林，大力推进义务植树和部门绿化。重庆市绿委办进一步加大力度，强化措施，统筹协调造林绿化重点工程、义务植树和部门绿化。一是实施好新一轮退耕还林、天然林资源保护、石漠化综合治理、重点生态工程，进一步强化工程管理，确保工程建设质量；抓好中央财政造林补贴和森林抚育补贴工作；推进林业应对气候变化、珍贵树种培育示范和木本油料、笋竹、中药材等特色经济林培育。二是始终坚持领导带头、群众参与、适地适树、力求实效的工作方法，深入开展全民义务植树活动。做好春秋两季义务植树活动相关工作，引导重庆市全民义务植树活动开展；加大义务植树基地建设，创新义务植树活动形式，重点开展见缝插绿、零星植树和森林经营，推行管护认养、捐资认建等尽责方式。三是加大部门绿化力度，落实部门绿化责任，推进部门绿化向纵深发展。

三、专家点评

习近平总书记2016年在重庆主持召开推动长江经济带发展座谈会时首次提出“共抓大保护、不搞大开发”方针，希望重庆成为山清水秀美丽之地，2019年视察又强调“在推进长江经济带绿色发展中发挥示范作用”。重庆是长江上游生态屏障的最后一道关口，保护长江母亲河，维护三峡库区生态安全是重庆义不容辞的历史责任，要把修复长江生态环境摆在压倒性位置。重庆市建设山清水秀美丽之地的亮点是：

1. 建设山清水秀美丽之地，学深悟透习近平生态文明思想。

生态环境是关系党的使命宗旨的重大政治问题，也是关系民生的重大社会问题。重庆深刻认识加强生态文明建设是大势所趋、责任所系、民心所向，自觉强化“上游意识”、担起“上游责任”，严格落实“共抓大保护、不搞大开发”方针，学好用好“两山论”，走深走实“两化路”，把“绿色+”融入经济社会各方面，在筑牢绿色屏障、发展绿色产业、建设绿色家园、完善绿色体制、培育绿色文化等方面谋在新处、干在实处、走在前列，不断提升绿水青山颜值，做大金山银山价值。

2. 建设山清水秀美丽之地，积极探索生态优先绿色发展新路子。

重庆具有好山好水的自然基础，生态资源丰富、生态地位重要、生态责任重大。保护好得天独厚的自然生态，把生态优势转化为发展优势，对于重庆未来发展十分关键。要统筹山水林田湖草系统治理，坚决打好长江保护修复攻坚战，统筹保护好自然生态和历史文脉，让重庆山水颜值更高、人文气质更佳。要全力打造长江经济带绿色发展新样板，稳步推进广阳岛长江经济带绿色发展示范建设，让广阳岛真正成为“两点”的承载地、“两地”的展示地、“两高”的体验地，并有序推进其他岛屿和半岛的建设，串珠成链，打造长江经济带绿色发展的“金项链”。

3. 建设山清水秀美丽之地，坚持落实生态环境保护督察工作。

生态优先、绿色发展正在成为重庆发展的主旋律。但也要清醒认识到，重庆生态系统整体较为脆弱，长期发展中也积累了一些隐患和难题，需要我们咬紧牙关去克服。环保督察是解决突出问题的重要抓手，对加强生态文明建设、解决人民群众反映强烈的环境污染和生态破坏问题具有重要意义。重庆的一项重大政治任务就是全力配合做好中央生态环境保护督察工作。要坚持立说立行、边督边改，做到问题不查清不放过、整改不到位不放过、责任不落实不放过、群众不满意不放过，坚决禁止搞“一刀切”，决不允许发生“一停了之”“先停再说”等敷衍应对督察的行为，真正上下一心共同做好各项配合工作。

共抓大保护，不搞大开发

——长江经济带走生态优先、绿色发展之路

推动长江经济带发展是党中央作出的重大决策，是关系国家发展全局的重大战略。新形势下推动长江经济带发展，关键是要正确把握整体推进和重点突破、生态环境保护和经济发展、总体谋划和久久为功、破除旧动能和培育新动能、自我发展和协同发展的关系，坚持新发展理念，坚持稳中求进工作总基调，坚持共抓大保护、不搞大开发，加强改革创新、战略统筹、规划引导，以长江经济带发展推动经济高质量发展。

长江源头风光

一、背景导读

长江、黄河都是中华民族的发源地，都是中华民族的摇篮。通观中华文明发展史，从巴山蜀水到江南水乡，长江流域人杰地灵，陶冶历代思想精英，涌现无数风流人物。千百年来，长江流域以水为纽带，连接上下游、左右岸、干支流，形成经济社会大系统，今天仍然是连接丝绸之路经济带和 21 世纪海上丝绸之路的重要纽带。新中国成立以来特别是改革开放以来，长江流域经济社会迅猛发展，综合实力快速提升，是我国经济重心所在、活力所在。长江和长江经济带的地位和作用，说明推动长江经济带发展必须坚持生态优先、绿色发展的战略定位，这不仅是对自然规律的尊重，也是对经济规律、社会规律的尊重。推动长江经济带发展必须从中华民族长远利益考虑，走生态优先、绿色发展之路，使绿水青山产生巨大生态效益、经济效益、社会效益，使母亲河永葆生机活力。

2016 年 1 月 5 日，习近平总书记在重庆主持召开的第一次长江经济带发展座谈会上强调：长江是中华民族的母亲河，也是中华民族发展的重要支撑；推动长江经济带发展必须从中华民族长远利益考虑，把修复长江生态环境摆在压倒性位置，共抓大保护、不搞大开发，努力把长江经济带建设成为生态更优美、交通更顺畅、经济更协调、市场更统一、机制更科学的黄金经济带，探索出一条生态优先、绿色发展新路子。

2018 年 4 月 24 日至 25 日，习近平总书记深入湖北宜昌市和荆州市、湖南岳阳市以及三峡坝区等地，考察化工企业搬迁、非法码头整治、江水污染治理、河势控制和护岸工程、航道治理、湿地修复、水文站水文监测工作等情况，实地了解长江经济带发展战略实施情况。2018 年 4 月 25 日，习近平总书记在湖南省岳阳市君山华龙码头考察强调：修复长江生态环境，是新时代赋予我们的艰巨任务，也是人民群众的热切期盼。当务之急是刹住无序开发，限制排污总量，依法从严从快打击非法排污、非法采砂等破坏沿岸生态行为。绝不容许长江生态环境在我们这一代人手上继续恶化下去，一定要给子孙后代留下一条清洁美丽的万里长江！ 2018 年 4 月 26 日，习近平总书记在武汉主持召开的第二次长江经济带发展座谈会上强调：长江是中华民族的母亲河，也是中华民族发展的重要支撑。推动长江经济带发展必须从中华民族长远利益考虑，走生态优先、绿色发展之路，使绿水青山产生巨大生态效益、经济效益、社会效益，使母亲河永葆生机活力。

二、具体做法

（一）全面把握长江经济带发展的形势和任务

推动长江经济带发展领导小组办公室会同国务院有关部门、沿江省市做了大量工作，在强化顶层设计、改善生态环境、促进转型发展、探索体制机制改革等方面取得了积极进展。

1. 规划政策体系不断完善。《长江经济带发展规划纲要》及多个专项规划印发实施、各领域政策文件出台实施。

2. 共抓大保护格局基本确立。开展系列专项整治行动，对多座非法码头采取彻底拆除、基本整改规范等处理办法，饮用水源地、入河排污口、化工污染、固体废物等专项整治行动扎实开展。

3. 综合立体交通走廊建设加快推进。产业转型升级取得积极进展，新型城镇化持续推进，对外开放水平明显提升，经济保持稳定增长势头。

4. 聚焦民生改善重点问题。扎实推进基本公共服务均等化，人民生活水平明显提高。

（二）正确把握长江经济带发展中的五个关系

现在，我国经济已由高速增长阶段转向高质量发展阶段。新形势下，推动长江经济带发展，关键是要正确把握整体推进和重点突破、生态环境保护和经济发展、总体谋划和久久为功、破除旧动能和培育新动能、自身发展和协同发展等关系，要全面做好长江生态环保修复工作，探索协同推进生态优先和绿色发展新方法新路径，推动长江经济带建设现代化经济体系，同时要坚定不移地将一张蓝图干到底，努力将长江经济带打造成为有机融合的高效经济体。

浙江丽水市多年来坚持走绿色发展道路，坚定不移保护绿水青山这个“金饭碗”，努力把绿水青山蕴含的生态产品价值转化为金山银山，生态环境质量、发展进程指数、农民收入增幅多年位居浙江省第一，实现了生态文明建设、脱贫攻坚、乡村振兴协同推进。

2016 年以来，湖北宜昌市意识到“化工围江”对制约城市发展的严重性，下定决心，制定化工污染整治工作方案，一手抓淘汰落后产能和化解化工过剩产能，推进沿江化工企业“关、转、搬”，防范化工污染风险；另一手利用旧动能腾退出的新空间培育精细化工产能，引导化工产业向高端发展，经济发展呈现出新面貌。

（三）在体制机制创新上下真功夫、实功夫

打破惯性思维和路径依赖，破除市场分割和要素流动障碍，推动劳动力、资本、技术等要素跨区域自由流动和优化配置，进一步提高全要素生产率。通过在一些重点领域关键环节探索财税体制创新安排，引入政府间协商议价机制，处理好本地利益和区域利益的关系，把长江经济带打造成为生态更优美、交通更顺畅、经济更协调、市场更统一、机制更科学的黄金经济带。

三、专家点评

长江经济带的高质量发展，突出了“共抓大保护、不搞大开发”的绿色导向这个基本前提，形成了以创新、协调、绿色、开放、共享五个维度为引领的全方位发展，让母亲河永葆生机活力，建成生态更优美、交通更顺畅、经济更协调、市场更统一、机制更科学的黄金经济带。长江经济带高质量发展的主要亮点是：

1. 以绿色作为发展的基本前提。

近年来，沿江各地在改善生态环境方面做了大量工作，取得了积极成效，但生态环境形势依然严峻。推动长江经济带发展必须辩证看待经济发展和生态环境保护的关系，积极探索生态优

先、绿色发展的新路。长江干流长度长、流域面积大、生态资源丰富，只要沿江各地共同建设好上游的生态屏障，保护好中下游的鄱阳湖、洞庭湖、太湖等“肾脏”，把绿水青山转化成金山银山，长江经济带将是全国最有条件形成绿色发展示范的区域。

2. 以创新作为发展的第一动力。

近年来沿江各地深入推进供给侧结构性改革，积极发展新经济、大力培育新动能，但关键核心技术创新能力还不强，同国际先进水平相比还有很大差距。科学技术是第一生产力，创新是引领发展的第一动力，长江经济带必须深入实施创新驱动发展战略。沿江各主要中心城市科教基础好，拥有众多国家级创新发展平台，对创新人才、创新要素的集聚能力较强，如果能充分发挥科学家和企业家的创新主体作用，形成关键核心技术攻坚体制，一定能助推整个国家在科技竞争中掌握更多主动权。

3. 以开放作为发展的外联支撑。

当前长三角对外开放水平总体较高，但长江经济带各内陆省市还存在依赖传统资源禀赋引资、简单复制沿海开放经验等问题。改革开放 40 多年来，长江经济带乃至整个中国的经济发展是在开放条件下取得的，未来实现高质量发展也必须在更加开放条件下进行。只要长三角继续发挥在对外开放中的优势，并带动沿江内陆重点城市群和沿边地区借助“一带一路”与长江经济带联结交汇区位提高对外开放水平，将使长江经济带在国家构建

"陆海内外联动、东西双向互济"全面开放新格局中发挥更重要的引领作用。

4. 以协调作为发展的聚合路径。

长江经济带地跨东、中、西部的九省二市，地理空间跨度和地区经济差距都较大，城市群之间缺乏协同，中心城市对外围腹地带动力不足。经济带内既有多个在全国具有重要引领地位的城市群，又有三峡库区、中部蓄滞洪区等欠发达甚至贫困地区，必须有效解决发展不平衡不协调的问题。长三角、长江中游、成渝等城市群都有较强区域影响力，只要树立"一盘棋"思想，通过基础设施全域贯通、要素流动互补余缺、产业集群前后关联，积极促进上中下游聚合发展，将可以成为全国区域协调发展的典范。

5. 以共享作为发展的根本目的。

当前长江经济带部分地区的基础设施、公共服务还有待改善，部分贫困地区的脱贫攻坚任务还较为繁重。坚持以人民为中心的发展思想，更好满足人民日益增长的美好生活需要，是长江经济带以高质量发展为人民创造高品质生活的出发点和落脚点。近年来长江经济带各省市聚焦民生改善重点问题，扎实推进基本公共服务均等化，人民生活水平总体上有明显提高，只要坚决打赢脱贫攻坚战、扎实做好保障和改善民生工作，必定能让广大人民更好共享长江经济带发展的成果。

冰天雪地也是金山银山

——东北三省迈向全面振兴新征程

东北地区是我国重要的工业和农业基地，维护国家国防安全、粮食安全、生态安全、能源安全、产业安全的战略地位十分重要，关乎国家发展大局。新时代东北振兴，是全面振兴、全方位振兴，要从统筹推进“五位一体”总体布局、协调推进“四个全面”战略布局的角度去把握，瞄准方向、保持定力，扬长避短、发挥优势，一以贯之、久久为功，撸起袖子加油干，重塑环境、重振雄风，形成对国家重大战略的坚强支撑。

冰天雪地也是金山银山

一、背景导读

东北，共和国的长子，曾作为排头兵，为国家经济发展作出巨大贡献。东北地区是我国重要的工业和农业基地，维护国家国防安全、粮食安全、生态安全、能源安全、产业安全的战略地位十分重要，关乎国家发展大局。近年来，我国经济步入新常态，而东北地区经济增速则呈“断崖式”下降，各项经济指标均居全国后列。过去，东北经济发展大多以资源为代价，以国家宏观经济政策为依托。如今，计划经济留下的影子依旧挥之不去，官僚风气严重、办事程序冗杂，加之资源枯竭、人才流失、资本逃离等，成为东北地区经济发展的瓶颈。

近年来，党和国家多次强调，要通过深化改革加快东北等老工业基地振兴。2003年10月，党中央、国务院从全面建设小康社会全局出发，以中发〔2003〕11号文件印发了《中共中央国务院关于实施东北地区等老工业基地振兴战略的若干意见》，标志着东北地区等老工业基地振兴战略的正式启动；2016年，中共中央国务院印发《关于全面振兴东北地区等老工业基地的若干意见》；2017年，国务院办公厅印发了《东北地区与东部地区部分省市对口合作工作方案》，探索建立相应合作机制；2018年9月28日，习近平总书记在东北三省考察时，就深入推进东北振兴提出“优化营商环境”“培育壮大新动能”“科学统筹精准施策”“支持生态建设和粮食生产”“共建‘一带一路’”“关注补齐民生领域短板”6个方面的要求，作出全面部署。

习近平总书记一直高度关注东北的生态环境建设。2015年两会参加吉林代表团审议时提出要依法保护利用生态环境。2015年7月在吉林考察时提出：要强化综合治理措施，让天更蓝、山更绿、水更清、生态环境更美好。2016年两会参加黑龙江代表团审议时提出：加强生态文明建设，为可持续发展预留空间，为子孙后代留下天蓝、地绿、水清的美好家园。2016年5月在伊春市考察时指出：按照绿水青山就是金山银山、冰天雪地也是金山银山的思路，摸索接续产业发展路子；在黑瞎子岛上提出，要保护生态，留一张白纸，就是留一片清朗的天空，留一方净土，留给子孙发展的空间。2018年9月在东北考察和在东北振兴座谈会上指出：东北地区是国家北方的生态屏障，要贯彻绿水青山就是金山银山、冰天雪地也是金山银山的理念，使东北地区天更蓝、山更绿、水更清，生态环境更美好。

二、具体做法

（一）加快农业绿色发展

1. 打造农业绿色发展示范区。深化农村改革，激发农业发展新活力的实验区。2018 年，黑河市逊克县全力推进了农业“三减”技术、耕地轮作制度试点、智慧农业、秸秆还田等重点工作，建立了食用高蛋白大豆、强筋小麦、高赖氨酸玉米、江水稻、林下产品、有机蔬菜等绿色有机功能性农产品基地。

2. 以点带面，辐射带动。以“互联网 + 农业”绿色高标准示范基地为依托，通过主体培育，统一标准，强化监管，推进示范区建设。

3. 规范的制度是绿色农业发展的可靠保障。编制《农业三减工作实施方案和技术方案》等方案、标准，构建绿色生产技术标准体系。建立完善的农产品质量监管体系，整合各职能部门农产品质量检测机构，建设绿色有机农产品检测中心，对种植业产品从生产源头到产品上市前进行全程质量管控。开展“农资打假专项治理”“春雷行动”等专项行动，开展种子市场执法行动。

4. 主动顺应市场需求变化，围绕绿色有机功能性优化种植结构。推动非转基因大豆产业振兴，大力发展功能性、专用食品大豆。进一步扩大蔬菜、鲜食玉米、饲草饲料等绿色特色高效作物种植面积。

（二）实施生态保护和发展生态旅游

把大力发展特色旅游业作为深化供给侧结构性改革、推动产业结构转型升级的重要举措，坚持绿色发展理念，严守生态保护红线，发展“生态旅游”“生态渔业”“生态文化”。

1. 生态优先，规划先行。松原市成立了查干湖生态保护与发展委员会、生态保护专家咨询委员会、生态保护研究中心和多个专项推进组，修订了《查干湖自然保护区管理条例》，修编了《查干湖生态保护开发总体规划》，编制了《查干湖生态旅游发展规划》，为查干湖保护提供了科学遵循和有力指导。

2. 恪守底线，不越红线。在旅游开发和项目建设上严格遵循“三个不上”原则——凡是工业项目一个不上，凡是污染类项目一个不上，凡是有潜在环境风险的项目一个不上。

3. 做好生态保护“加减法”。杜绝生活性污染，控制农业性污染。松原市将新建的“吃、住、行、购、娱”项目，摆放在湖岸8公里至10公里以外区域，最大限度地减少湖区生态压力；大力推进西部供水前郭片区工程建设。建设查干湖生态水岸工程、生态隔离保护带、湖滨带生态围塘固化等项目以及生态水岸工程。

（三）以发展新经济引导传统制造业转型升级

1. 为新经济发展营造宽松环境。以供给侧结构性改革为主线，推动行政管理体制、金融体制和科研管理体制等领域改革，使各种生产要素配置更加便捷高效，为新行业、新业态、新模式的发展营造宽松环境，落实“互联网 +”行动。

2. 提升企业、高校和科研院所科技成果转化率。推进科技成果转移转化，加强平台载体建设，推动科技成果转化，填补科技成果转化及产业化的中间地带，实现更多科技成果转化落地。

3. 加强产业链上各个环节的合作创新。通过实施区域一体化的科技成果转化，打造区域一体化的科技成果转化服务平台，通过“互联网 + 技术 + 资本”，形成一个完整的科技成果转化链条，并通过政策和机制的设计，把产、学、研协同创新链条和连接点完全打通；鼓励符合条件的企业承担或参与企业国家重点实验室、工程实验室、工程中心以及中试和技术转移平台建设，鼓励企业承担国家和地方科技计划项目。

三、专家点评

东北振兴是全面振兴、全方位振兴，是实现经济社会的高质量发展。在振兴中，东北三省认真践行生态优先、绿色发展理念，凝聚推进绿色发展的合力，为发展构筑起“绿色谱系”，为转型积累下“绿色动力”，在建设美丽中国、美丽东北中实现振兴。东北地区用生态文明建设要求推进振兴的主要亮点是：

1.通过完善保护自然资源机制以推进振兴。

东北地区更加注重发挥市场机制作用，统筹区域资源配置，保护水资源。以河流水系景观为核心规划生态景观带，加强周围生态景观的维护和水体水质的保护。实行工程护岸和生态护岸相结合，完成主要河道整治改造。提高各水库防洪标准，实施水域综合开发。合理开发和高效利用水资源，建立最严格的水资源管理制度，发展节水工业、节水农业，建设节水型社会。保护土地资源。科学合理使用土地，采取内涵改造挖潜与外延扩展相结合的发展方式，坚持开源与节流并举，提高土地利用率。保护树木植被资源，探索植被保育方法，加强交通干线和水系绿化建设，营造风景植被景观体系。深入推进生态保护修复和环境治理。落实和深化国有自然资源资产管理、生态环境监管、国家公园、生态补偿等生态文明改革举措，开展山水林田湖草生态保护修复试点，深入实施天然林资源保护工程和退耕还林还草，全面实施好草畜平衡、禁牧休牧，保护好大小兴安岭和长白山等重点林区，保护好呼伦贝尔、锡林郭勒等重点草原，保护好三江平原、松辽平原等重点湿地。加快推进东北亿亩高标准农田建设，扩大轮作休耕制度试点范围，对黑土地实行战略性保护。在确保安全前提下，综合治理抚顺西露天矿、阜新海州露天矿等特大露天矿坑。

2. 通过强化防治环境污染机制以推进振兴。

强化防治环境污染机制。防治空气污染。加强工业气体禁排工作，加大企业技术改造力度，将区域化学需氧量、二氧化硫和烟粉尘排放量分别控制在生态区建设标准以下。防治水污染。加大水环境综合整治，加快城区和农村污水处理厂建设，万元GDP能耗明显下降。完善城镇污排泵站和管网设施，所排污水通过污水处理厂集中处理。防治噪声污染。交通道路、居住、商贸、教育等区域要控制车辆鸣笛；鼓励企业通过各种手段降低噪声；治理建筑施工噪声。防治固体废弃物和生活垃圾污染，全面推行污染物总量控制和排污许可证制度。必须人为或利用自然山水条件构筑生态安全屏障，并将人类活动对生态脆弱区的影响降到最低，真正实现"生产空间要集约高效、生活空间要宜居适度、生态空间要山清水秀"的目标。

3. 通过构建绿色经济体系以推进振兴。

大力推动产业绿色发展，探索东北振兴发展的绿色和低碳经济新模式。促进传统能源低碳化利用，积极倡导有利于环境保护和资源节约的可持续发展产业模式。加快传统农业向生态农业转型，实现农业现代化、产业化，与高新技术产业、旅游休闲业融合发展。加快传统服务业向生态服务业转型，以生态和文化为核心内涵，不断提高现代服务业产业素质。加快传统工业向生态工业转型，实现工业集约化，推进清洁生产和环境质量体系认证。开发、引进和推广各类新技术、新工艺、新产品。制定生态环境准入清单，优化产业布局，引导“原字号”产业安全绿色高效发展。严格限制钢铁、炼油、煤炭新增产能，发展原材料产品的精深加工。编制东北地区全域旅游发展规划，建设一批生态旅游目的地，使保护生态和发展旅游相得益彰，促进有东北特色的旅游产业发展。鼓励绿色生产、循环发展，倡导绿色消费，改变以浪费资源为代价的发展模式，发展资源节约型产业，促进资源的循环，实现废弃物减量化、资源化和无害化利用。东北地区冰雪运动基础好，要制订促进冰雪经济发展的政策措施，推进冰雪旅游、冰雪运动、冰雪文化、冰雪装备等加快发展。

人不负青山，青山定不负人

——陕西省坚决打好秦岭保卫战

秦岭和合南北、泽被天下，是我国的中央水塔，是中华民族的祖脉和中华文化的重要象征。保护好秦岭生态环境，对确保中华民族长盛不衰、实现“两个一百年”奋斗目标、实现可持续发展具有十分重大而深远的意义。

陕西省汉中市西乡县退耕还林建设新貌

一、背景导读

“石拥百泉合，云破千峰开。”莽莽秦岭，雄浑矗立，素有“国家中央公园”“国之绿肺”之称，被誉为中华民族的“父亲山”和“世界生物基因库”，是我国南北气候的分界线和重要的生态安全屏障，具有调节气候、保持水土、涵养水源、维护生物多样性等诸多功能。除独特的生态功能外，秦岭的重要性还体现在历史和文化上。秦岭被尊为华夏文明的龙脉，从秦岭流淌而出的水系滋养了灿烂悠久的中华文明，如今又承载着南水北调中线水源地保护的使命，牵系着中国发展的当下和未来。可以说，秦岭在国家生态安全、水源安全以及文化建设中发挥着不可替代的作用。

正因为如此，习近平总书记先后六次就“秦岭违建”作出批示指示。2014 年 5 月 13 日，要求陕西省委省政府主要负责同志关注秦岭北麓西安段圈地建别墅问题。2014 年 10 月 13 日，要求务必高度重视，以坚决的态度予以整治，以实际行动遏制此类破坏生态文明的问题蔓延扩散。从 2015 年 2 月到 2018 年 4 月，他又作过三次重要批示指示。其中，2016 年 2 月，在对祁连山自然保护区和木里矿区生态环境综合整治作重要批示中，就专门提到秦岭北麓西安境内圈地建别墅问题，并且强调对此类问题，就要扭住不放、一抓到底，不彻底解决、绝不放手。2018 年 7 月，他第六次批示，要求首先从政治纪律查起，彻底查处整而未治、阳奉阴违、禁而不绝的问题。自 2018 年 7 月以来，“秦岭违建别墅拆除”备受社会关注。中央、省、市三级打响秦岭保卫战，秦岭北麓西安段共有 1194 栋违建别墅被列为查处整治对象。这次拆违整治，中央指派中纪委副书记、国家监委副主任徐令义担任专项整治工作组组长。多名省部级官员被调查，清查出 1194 栋违建别墅，全面拆除复绿，并依法收回国有土地、退还集体土地，实现了从全面拆除到全面复绿。在生态环境保护问题上，就是不能越雷池一步，否则就应该受到惩罚。习近平总书记用自己的亲身行动要求全党同志在保持加强生态文明建设的战略定力上不能有一丝一毫松懈。

2020 年 4 月 23 日，习近平总书记在陕西考察时的重要讲话中提道：陕西生态环境保护，不仅关系自身发展质量和可持续发展，而且关系全国生态环境大局。要牢固树立绿水青山就是金山银山的理念，统筹山水林田湖草系统治理，优化国土空间开发格局，调整区域产业布局，发展清洁生产，推进绿色发展，打好蓝天、碧水、净土保卫战。要坚持不懈开展退耕还林还草，推进荒漠化、水土流失综合治理，推动黄河流域从过度干预、过度利用向自然修复、休养生息转变，改善流域生态环境质量。

二、具体做法

（一）矿业权退出和地质环境治理

1. 在矿业权退出方面，沿山各区县政府已按照《西安市秦岭北麓矿山专项整治方案》（市政办发〔2015〕25 号）要求，关闭多个矿权，提前完成 2020 年矿山整治任务。秦岭北麓除蓝田尧柏水泥小寨石灰岩矿间歇生产外，其余全部处于停产停工状态。2018 年 7 月 31 日，陕西省政府印发了《陕西省涉及保护区矿业权退出的指导意见》。2019 年年初，西安市自然资源和规划局制定起草了《西安市矿权退出补偿办法》，对补偿方式、补偿标准和资金筹措等内容做了详细的规定和说明。尽快出台《西安市矿权退出补偿办法》，统筹做好合法矿业权退出和矿业权人合法权益保护工作，力争 2020 年年底前全部退出。

2. 地质环境治理方面主要做了 4 项工作。一是 2018 年 6 月以西安市政府办公厅名义印发《西安市矿山地质环境保护与治理规划（2018—2025年）》，计划完成多个矿山（有主矿山8个、无主矿山58个）地质环境治理。2018年，向部、省申请了矿山地质环境治理专项资金。二是治理了蓝田县尧柏大茂嘴矿等多个矿山的地质环境。三是采取奖管结合的方式，推进地质环境治理。2018年原西安市国土局与西安市财政局联合发文要求设立专项资金用于矿山地质环境治理工作。根据年度考核情况，对完成恢复治理任务的区县进行奖励。四是加大对生产矿山企业的监管力度。督导企业编制并落实《矿山地质环境保护与土地复垦方案》，按照《西安市矿山地质环境治理恢复与土地复垦基金实施办法》（市国土发〔2018〕266号）提取矿山地质环境治理恢复与土地复垦基金，专项用于矿山地质环境治理恢复与土地复垦等工作，及时履行恢复治理义务，不造成新的“历史欠账”。

（二）耕地和永久基本农田保护

西安市政府与沿山6区县政府签订了耕地保护目标责任书，将区县耕地保有量、永久基本农田保护面积纳入西安市年度目标责任考核内容。西安市加强请示汇报，争取尽早将秦岭生态保护区25°以上坡耕地退耕还林任务纳入国家退耕还林总体规划中，同步调减西安市耕地保护指标，在国土空间规划中核减25°以上坡耕地的规划指标，加快退耕还林还草进度。

（三）保护区内农民生产生活

2018年西安市印发了《西安市秦岭生态环境保护区农家乐管理办法》（市政办发〔2018〕13号）、《西安市秦岭北麓农村生活污水设施建设实施方案》（市秦管会发〔2018〕4号）和《西安市秦岭生态保护区农家乐污水治理奖补办法》。对农家乐进行摸底，并进一步夯实责任，落实《西安市秦岭生态环境保护区农家乐管理办法》（市政办发〔2018〕13号），加快污水处理设施建设。

（四）基础设施、小水电建设和旅游开发

一是基础设施涉及临时用地、弃渣场复垦情况。中交二航局西成客专建设项目涉及临时用地包括林地、耕地、建筑弃地，临时建筑和弃渣已全部清理，植被正在自然恢复，占用耕地的临时用地已完成临时建筑物（构筑物）拆除清理和复垦，建筑弃地已拆除清理结束，恢复了土地原貌。二是秦岭生态保护区内小水电站清理整治工作。完成了小水电站摸底调查工作，出台了《秦岭北麓西安段小水电站管理实施办法》，开展了小水电站清理整治工作。西安市秦岭北麓对已关停的小水电站制定拆除和生态恢复方案，开展绿色水电站创建工作。三是开展旅游开发项目未批先建、违法用地等问题“拉网式”排查整治工作，并制定印发了《西安市秦岭北麓九类违建整治指导意见》，开展了整治工作。

（五）管理工作

一是加强市、区（县）两级秦岭保护机构建设，将西安市原保护管理委员会升格为市委的议事机构，新组建西安市秦岭保护局作为市政府工作部门；二是建立健全秦岭生态环境保护长效机制，明确多项工作任务；三是全面实行秦岭生态环境保护网格化管理，管理末梢延伸至沿山村组，开展网格化日常巡查检查，启动“数字秦岭”监测平台建设；四是制定了《西安市秦岭北麓生态环境保护工作专项考核办法》及《西安市秦岭北麓生态环境保护考核评价细则》，实施差别化考核；五是完成生态红线划定方案编制以及长安、鄠邑二区生态保护红线的勘界定标试点工作。

三、专家点评

秦岭地跨甘肃、四川、陕西、河南 4 省，主体位于陕西境内。陕西处于秦岭区域的地市有 6 个，有 35 个县（区）全部或部分在秦岭地区。陕西境内的秦岭南坡是汉江、嘉陵江和丹江的源头区，也是南水北调中线工程的重要水源涵养区，北坡是渭河的主要补给水源地。综观历史，秦岭生态环境遭到破坏最严重的地区也是在陕西境内。保护好秦岭生态环境，是陕西全省上下的责任担当。

1. 保护好秦岭生态环境，必须牢固树立生态文明理念。

纵观人类文明发展史，生态兴则文明兴，生态衰则文明衰。工业化进程创造了前所未有的物质财富，也产生了难以弥补的生态创伤。杀鸡取卵、竭泽而渔的发展方式走到了尽头，顺应自然、保护生态的绿色发展昭示着未来。党的十八大以来，习近平总书记反复强调生态文明建设的重要性，生态文明建设理念深入人心。习近平生态文明思想是习近平新时代中国特色社会主义思想的重要组成部分，为破解经济发展和生态保护之间的矛盾提供了理念启迪和现实遵循。只有牢固树立生态文明理念，学懂弄通做实习近平生态文明思想，才能精准把握习近平总书记关于秦岭生态保护系列重要讲话精神，当好秦岭生态卫士，不在历史上留下骂名。

2. 保护好秦岭生态环境，必须优先解决地区贫困问题。

民生是人民幸福之基、社会和谐之本。经济发展和生态保护是一对长期存在的矛盾，维持最基本的生存需要始终是人们考虑的首要问题。秦岭地区还有许多人口没有脱贫，是我国贫困人口最集中的地区之一。解决地区贫困问题是落实秦岭生态保护责任的题中应有之义。

3. 保护好秦岭生态环境，必须着力加强地方官员考核。

地方领导干部不仅是各项地方政策措施的规划者制定者，更是中央和地方各项政策措施的践行者、实施者，其生态保护意识及行动尤为重要。实际上，各级政府颁发过不少生态保护文件，如 2007 年《陕西秦岭生态环境保护纲要》和《陕西省秦岭生态环境保护条例》，2013 年《西安市秦岭生态环境保护条例》，但仍然出现了秦岭北麓西安境内违建别墅的问题，这反映出地方领导干部的态度和行动存在很大缺陷。各级地方领导干部任何时候都必须旗帜鲜明讲政治，毫不动摇坚持党的领导，要牢固树立“四个意识”，坚决做到“两个维护”，才能在思想上不折不扣落实习近平总书记关于秦岭生态保护系列指示批示精神。同时，组织和监察部门也要制定详细的官员政绩考核制度，将秦岭生态保护纳入政绩考核的主要指标，实行秦岭生态保护一票否决制。

4. 保护好秦岭生态环境，必须重视协调不同主体利益。

秦岭覆盖范围广，涉及 4 个省级行政区、几十个市级和县级行政区，存在发展不平衡不充分的问题。建议由中央政府组织专门机构，做好统一规划，协调各行政主体之间的关系，明确各方责任，协同推进保护行动。秦岭生态保护虽然关键在陕西，但受益者不仅仅是陕西，应在财政上和资源分配上给予陕西一定的生态补偿，共同守护好秦岭生态环境。

实现发展和生态环境保护协同推进

——贵州省建设国家生态文明试验区

贵州要守住发展和生态两条底线，正确处理发展和生态环境保护的关系，在生态文明建设体制机制改革方面先行先试，把提出的行动计划扎扎实实落实到行动上，实现发展和生态环境保护协同推进。

贵州省黔东南苗族侗族自治州黎平县肇兴侗寨

一、背景导读

贵州省是长江、珠江上游重要生态屏障，既面临全国普遍存在的结构性生态环境问题，又面临水土流失和石漠化仍较突出、生态环保基础设施严重滞后等特殊问题；既面临加快发展、决战决胜脱贫攻坚的紧迫任务，又面临资源环境约束趋紧、城镇发展和农业生态空间布局亟待优化的严峻挑战，现有生态文明制度体系还不能适应转方式调结构优供给、推动绿色发展的需要。

深入贯彻落实习近平总书记重要指示批示精神，在贵州建设国家生态文明试验区，有利于发挥贵州的生态环境优势和生态文明体制机制创新成果优势，探索一批可复制可推广的生态文明重大制度成果；有利于推进供给侧结构性改革，培育发展绿色经济，形成体现生态环境价值、增加生态产品绿色产品供给的制度体系；有利于解决关系人民群众切身利益的突出资源环境问题，让人民群众共建绿色家园、共享绿色福祉，对于守住发展和生态两条底线，走生态优先、绿色发展之路，实现绿水青山和金山银山有机统一具有重大意义。

二、具体做法

（一）开展绿色发展的制度创新试验

1. 健全空间规划体系和用途管制制度。以主体功能区规划为基础统筹各类空间性规划，推进省级空间性规划多规合一。在六盘水市、三都县、雷山县等地开展市县多规合一试点，深入推进荔波、册亨国家主体功能区建设试点示范，加快构建以市县级行政区为单元，由空间规划、用途管制、差异化绩效考核等构成的空间治理体系，2017 年出台省级空间规划编制办法。研究建立自然生态空间用途管制制度、资源环境承载能力监测预警制度，推动建立覆盖贵州省国土空间的监测系统，动态监测国土空间变化，2018 年制定《贵州省自然生态空间用途管制实施办法》。开展生态保护红线勘界定标和环境功能区划工作，在生态保护红线内严禁不符合主体功能定位、土地利用总体规划、城乡规划的各类开发活动，严禁任意改变用途，确保生态保护红线功能不降低、面积不减少、性质不改变，建立健全严守生态保护红线的执法监督、考核评价、监测监管和责任追究等制度。坚持最严格耕地保护制度，全面划定永久基本农田并实行特殊保护，任何单位和个人不得擅自占用或改变用途。

2. 开展自然资源统一确权登记。2017 年在赤水市、绥阳县、六盘水市钟山区、普定县、思南县开展自然资源统一确权登记试点，制定贵州省自然资源统一确权登记试点实施方案，在不动产登记的基础上，建立统一的自然资源登记体系。初步摸清试点地区水流、森林、山岭、草原、荒地和探明储量的矿产资源等自然资源权属、位置、面积等信息，2020 年全面建立贵州省自然资源统一确权登记制度。

3. 建立健全自然资源资产管理体制。2017 年制定贵州省自然资源资产管理体制改革实施方案，开展国家自然资源资产管理体制改革试点，除中央直接行使所有权的外，将分散在国土资源、水利、农业、林业等部门的全民所有自然资源资产所有者职责剥离，整合组建贵州省国有自然资源资产管理机构，经贵州省政府授权，承担全民所有自然资源资产所有者职责。探索不同层级政府行使全民所有自然资源资产所有权的实现形式，贵州省政府代理行使所有权的全民所有自然资源资产，由贵州省国有自然资源资产管理机构设置派出机构直接管理。选择遵义市、黔东南州作为试点，受贵州省政府委托承担所辖行政区域内全民所有自然资源资产所有权的部分管理工作。县乡政府原则上不再承担全民所有自然资源资产所有者职责。

（二）建立促进绿色发展的机制

1. 健全矿产资源绿色化开发机制。完善矿产资源有偿使用制度，全面推行矿业权招拍挂出让，加快贵州省统一的矿业权交易平台建设。建立矿产开发利用水平调查评估制度和矿产资源集约开发机制。完善资源循环利用制度，建立健全资源产出率统计体系。2017 年出台贵州省全面推进绿色矿山建设的实施意见及相关考核办法。

2. 建立绿色发展引导机制。2017 年制定绿色制造三年专项行动计划，完善绿色制造政策支持体系，建设一批绿色企业、绿色园区。建立健全生态文明建设标准体系。制定节能环保产业发展实施方案，健全提升技术装备供给水平、创新节能环保服务模式、培育壮大节能环保市场主体、激发市场需求、规范优化市场环境的支持政策。建设国家军民融合创新示范区，鼓励军工企业发展节能环保装备产业。建立以绿色生态为导向的农业补贴制度。健全绿色农产品市场体系，建立经营联合体，编制绿色优质农产品目录。建立林业剩余物综合利用示范机制，推动林业剩余物生物质能气、热、电联产应用。完善绿色建筑评价标识管理办法，严格执行绿色建筑标准。建立装配式建筑推广使用机制。推行垃圾分类收集处置，推动贵阳市、遵义市、贵安新区制定并公布垃圾分类工作方案，鼓励其他市（州）中心城市、县城开展垃圾分类。建立和完善水泥窑协同处置城市垃圾运行机制，推行水泥窑协同处置城市垃圾。

3. 完善促进绿色发展市场机制。2017 年出台培育环境治理和生态保护市场主体实施意见，对排污不达标企业实施强制委托限期第三方治理。2017 年实行碳排放权交易制度，积极探索林业碳汇参与碳排放交易市场的交易规则、交易模式。建立健全排污权有偿使用和交易制度，逐步推行企事业单位污染物排放总量控制、通过排污权交易获得减排收益的机制，2017 年建成排污权交易管理信息系统。推进农业水价综合改革，开展水权交易试点，制定《水权交易管理办法》。研究成立贵州省生态文明建设投资集团公司。

4. 建立健全绿色金融制度。积极推动贵安新区绿色金融改革创新，鼓励支持金融机构设立绿色金融事业部。创新绿色金融产品和服务。加大绿色信贷发放力度，完善绿色信贷支持制度，明确贷款人的尽职免责要求和环境保护法律责任。稳妥有序探索发展基于排污权等环境权益的融资工具，拓宽企业绿色融资渠道。引导符合条件的企业发行绿色债券。推动中小型绿色企业发行绿色集合债，探索发行绿色资产支持票据和绿色项目收益票据等。健全绿色保险机制。依法建立强制性环境污染责任保险制度，选择环境风险高、环境污染事件较为集中的区域，深入开展环境污染强制责任保险试点。鼓励保险机构探索发展环境污染责任险、森林保险、农牧业灾害保险等产品。

（三）开展生态脱贫制度创新试验

1. 完善生态建设脱贫攻坚机制。支持贵州自主探索通过赎买以及与其他资产进行置换等方式，将国家级和省级自然保护区、国家森林公园等重点生态区位内禁止采伐的非国有商品林调整为公益林，将零星分散且林地生产力较高的地方公益林调整为商品林，促进重点生态区位集中连片生态公益林质量提高、森林生态服务功能增强和林农收入稳步增长，实现社会得绿、林农得利。2018 年在国家级和省级自然保护区、毕节市公益林区内开展试点。以盘活林木、林地资源为核心，推进森林资源有序流转，推广经济林木所有权、林地经营权新型林权抵押贷款改革，拓宽贫困人口增收渠道。建立政府购买护林服务机制，引导建档立卡贫困人口参与提供护林服务，扩大森林资源管护体系对贫困人口的覆盖面，拓宽贫困人口就业和增收渠道。制订出台支持贫困山区发展光伏产业的政策措施，促进贫困农民增收致富。开展生物多样性保护与减贫试点工作，探索生物多样性保护与减贫协同推进模式。

2. 完善资产收益脱贫攻坚机制。推进开展贫困地区水电矿产资源开发资产收益扶贫改革试点，探索建立集体股权参与项目分红的资产收益扶贫长效机制。深入推广资源变资产、资金变股金、农民变股东三变改革经验，将符合条件的农村土地资源、集体所有森林资源、旅游文化资源通过存量折股、增量配股、土地使用权入股等多种方式，转变为企业、合作社或其他经济组织的股权，推动农村资产股份化、土地使用权股权化，盘活农村资源资产资金，让农民长期分享股权收益。

3. 完善农村环境基础设施建设机制。全面改善贫困地区群众生活条件。实施农村人居环境改善行动计划，整村整寨推进农村环境综合整治。探索建立县城周边农村生活垃圾村收镇运县处理、乡镇周边村收镇运片区处理、边远乡村就近就地处理的模式，到 2020 年实现 90% 以上行政村生活垃圾得到有效处理。通过城镇污水处理设施和服务向农村延伸、建设农村污水集中处理设施和分散处理设施，实现行政村生活污水处理设施全覆盖。2017 年制订贵州省培育发展农业面源污染治理、农村污水垃圾处理市场主体方案，探索多元化农村污水、垃圾处理等环境基础设施建设与运营机制，推动农村环境污染第三方治理。建立农村环境设施建管运协调机制，确保设施正常运营。逐步建立政府引导、村集体补贴相结合的环境公用设施管护经费分担机制。强化县乡两级政府的环境保护职责，加强环境监管能力建设。建立非物质文化遗产传承机制和历史文化遗产保护机制，加强传统村落和传统民居保护。

（四）开展生态文明大数据制度建设

1. 建立生态文明大数据综合平台。建设生态文明大数据中心，推动生态文明相关数据资源向贵州集聚，定期发布生态文明建设“绿皮书”。打造长江经济带、泛珠三角区域生态文明数据存储和服务中心，为有关方面提供数据存储与处理服务。2017年建成环保行政许可网上审批系统，健全环境监管数字化执法平台。2018年完善贵州省污染源在线监控系统，2019年基本建成覆盖贵州省的环境质量自动监测网络，2020年建成覆盖环境监测、监控、监管、行政许可、行政处罚、政务办公、公众服务的贵州省生态环境大数据资源中心，实现生态环境质量、重大污染源、生态状况监测监控全覆盖。

2. 建立生态文明大数据资源共享机制。2018年制定《贵州省生态环境数据资源管理办法》，建立生态环境数据协议共享机制和信息资源共享目录，明确数据采集、动态更新责任，推动生态环境监测、统计、审批、执法、应急、舆论等监管数据共享和有序开放，实现贵州省生态环境关联数据资源整合汇聚。

3. 创新生态文明大数据应用模式。建立环境数据与工商、税务、质检、认证等信息联动机制，支撑环境执法从被动响应向主动查究违法行为转变。建立固定污染源信息名录库，整合共享污染源排放信息；建立环境信用监管体系，对不同环境信用状况的企业进行分类监管；探索在环境管理中试行企业信用报告和信用承诺制度。

（五）开展生态文明法治建设创新试验

1. 加强生态环境保护地方性立法。全面清理和修订地方性法规、政府规章和规范性文件中不符合绿色经济发展、生态文明建设的内容，适时修订《贵州省生态文明建设促进条例》《贵州省环境保护条例》。

2. 实现生态环境保护司法机构全覆盖。实现贵州省各级法院环境资源审判机构全覆盖，深入推进环境资源案件集中管辖和归口管理，对涉及生态环境保护的刑事、民事、行政三类诉讼案件实行集中统一审理，推动环境资源案件专门化审判。探索生态恢复性司法机制，运用司法手段减轻或消除破坏资源、污染环境状况。建立生态文明律师服务团，引导群众通过法律渠道解决环境纠纷。健全环境保护行政执法与刑事司法协调联动机制。

3. 建立生态环境损害赔偿制度。开展生态环境损害赔偿制度改革试点，明确生态环境损害赔偿范围、责任主体、索赔主体和损害赔偿解决途径等，探索建立完善生态环境损害担责、追责体制机制，探索建立与生态环境赔偿制度相配套的司法诉讼机制，2018 年全面试行生态环境损害赔偿制度，2020 年初步构建起责任明确、途径畅通、机制完善、公开透明的生态环境损害赔偿制度。

（六）开展绿色绩效评价考核创新试验

1. 建立绿色评价考核制度。加强生态文明统计能力建设，加快推进能源、矿产资源、水、大气、森林、草地、湿地等统计监测核算。2017 年起每年发布各市（州）绿色发展指数，开展生态文明建设目标评价考核。考核结果作为党政领导班子和领导干部综合评价、干部奖惩任免以及相关专项资金分配的重要依据。

研究制定森林生态系统服务功能价值核算试点办法，探索建立森林资源价值核算指标体系。

2. 开展自然资源资产负债表编制。在六盘水市、赤水市、荔波县开展自然资源资产负债表编制试点，探索构建水、土地、林木等资源资产负债核算方法。2018 年编制贵州省自然资源资产负债表。

3. 开展领导干部自然资源资产离任审计。扩大审计试点范围，探索审计办法。2018 年建立经常性审计制度，全面开展领导干部自然资源资产离任审计。加强审计结果应用，将自然资源资产离任审计结果作为领导干部考核的重要依据。

4. 完善环境保护督察制度。强化环保督政，建立定期与不定期相结合的环境保护督察机制，对贵州省 9 个市（州）、贵安新区、省直管县当地政府及环保责任部门开展环境保护督察，对存在突出环境问题的地区，不定期开展专项督察，实现通报、约谈常态化。

5. 完善生态文明建设责任追究制。实行党委和政府领导班子成员生态文明建设一岗双责制。建立领导干部任期生态文明建设责任制，按照谁决策、谁负责和谁监管、谁负责的原则，落实责任主体，以自然资源资产离任审计结果和生态环境损害情况为依据，明确对地方党委和政府领导班子主要负责人、有关领导人员、部门负责人的追责情形和认定程序。对领导干部离任后出现重大生态环境损害并认定其需要承担责任的，实行终身追责。

三、专家点评

党的十八大以来，习近平总书记高度重视生态文明建设，对生态文明建设作出一系列指示要求。习近平总书记主持召开中央全面深化改革领导小组第三十六次会议，审议通过了《国家生态文明试验区（贵州）实施方案》，要求贵州省注意总结借鉴有关经验做法，做实做细实施方案，聚焦重点难点问题，在体制机制创新上下功夫，为完善生态文明制度体系探索路径、积累经验。贵州省建设国家生态文明试验区的主要亮点是：

1. 牢守发展和生态两条底线，深入实施大生态战略行动。

建设国家生态文明试验区是中央赋予贵州的战略任务。贵州省各级各部门深刻领会中央意图，从政治高度来认识加快国家生态文明试验区建设的重大意义，切实把推进试验区建设作为实施大生态战略行动的基本载体和基本抓手，与时俱进深化生态文明体制改革，奋力开创百姓富、生态美的多彩贵州新未来。贵州准确把握中央要求，聚焦难点问题，紧扣建设“多彩贵州公园省”，坚持目标导向，注重改革实效，聚焦重点难点问题，全面推进体制机制创新，不断推出一批可复制、可推广的试验成果，在改革中持续改善生态环境、提升人民群众获得感。

2. 坚持生态产业化、产业生态化，推动绿色经济发展。

绿色经济相关产业占地区生产总值的比重得到较大提高。发出“多彩贵州拒绝污染”的时代强音，大力实施绿色贵州建设行动计划。实施环保基础设施攻坚行动，加强重点流域及重点行业治理，全面推行河长制，空气质量保持优良。在全国率先开展自然资源资产离任审计等改革试点，颁布生态文明建设促进条例，成立生态环保司法机构，生态文明制度体系日趋健全。设立“贵州生态日”，广泛开展绿色创建活动。生态优先、绿色发展正在成为多彩贵州的主旋律。

绿色生态是最大财富、最大优势、最大品牌

——江西省建设国家生态文明试验区

江西生态秀美、名胜甚多，绿色生态是最大财富、最大优势、最大品牌，一定要保护好，做好治山理水、显山露水的文章，走出一条经济发展和生态文明水平提高相辅相成、相得益彰的路子。要加大强农惠农富农力度，推进农业现代化，多渠道增加农民收入，提高社会主义新农村建设水平，让农业农村成为可以进一步大有作为的广阔天地。

江西省萍乡市万龙湾片区海绵化改造后

一、背景导读

江西省拥有丰富的生态资源，生态环境质量良好，位居全国前列，具有开展生态文明建设的独特优势。江西历届省委、省政府一直高度重视生态文明建设，先后实施了“山江湖工程”“保护东江源、珍爱鄱阳湖”“灭荒造林”等重大生态建设和环境保护工程，在经济发展、社会进步、民生改善等领域取得了明显成效。2014 年，江西被列入生态文明先行示范区，是该省第一个全境列入的国家战略，充分体现了党中央对江西的关怀与期盼。

2016 年 2 月 1 日至 3 日，习近平来到吉安、井冈山、南昌等地，深入乡村、企业、学校、社区、革命根据地纪念场馆调研考察，就贯彻落实党的十八届五中全会精神和中央经济工作会议、中央扶贫开发工作会议、中央城市工作会议精神进行指导，给广大干部群众送去党中央的新春祝福和亲切关怀。

习近平总书记指出：发展理念是发展行动的先导。发展理念不是固定不变的，发展环境和条件变了，发展理念就自然要随之而变。如果刻舟求剑、守株待兔，发展理念就会失去引领性，甚至会对发展行动产生不利影响。各级领导干部务必把思想认识统一到创新、协调、绿色、开放、共享的新发展理念上来，自觉把新发展理念作为指挥棒用好。要着力推进供给侧结构性改革，加法、减法一起做，既做强做大优势产业、培育壮大新兴产业、加快改造传统产业、发展现代服务业，又主动淘汰落后产能，腾出更多资源用于发展新的产业，在产业结构优化升级上获得更大主动。

二、具体做法

2016 年 8 月，中共中央办公厅、国务院办公厅印发《关于设立统一规范的国家生态文明试验区的意见》，首批选择生态基础较好、资源环境承载能力较强的福建省、江西省和贵州省作为试验区。江西等省的实践，最终要形成一批可在全国复制推广的重大制度成果，实现经济社会发展和生态环境保护双赢，既要经济发展，也要拥抱蓝天、绿水和新鲜的空气。江西着力构建节约资源和保护环境的空间格局、产业结构、生产方式、生活方式，保护和建设天蓝、地绿、水净的美好家园。基于当地生态优势，江西积极探路，先试先行，破解制约生态文明建设的体制机制障碍，探索生态文明建设江西模式，其成功经验可在全国复制推广。

（一）推进生态文明样板示范

一是推进抚州生态文明示范市建设。抚州生态云平台基本完成调试上线试运行，自然资源资产负债表、水资源使用确权登记试点工作已形成初步制度成果。二是推动昌铜高速生态经济带发展。启动昌铜高速百里生态风光带建设。实施一批生态环境保护和绿色产业发展工程。设立中医药产业发展引导基金，推动大健康产业试点。三是加快生态文明示范县和示范基地建设。推进江西省生态文明示范县建设，总结经验成果编制《江西生态文明建设经验模式》。推动生态文明示范基地落实建设方案，加快项目建设，启动第二批生态文明示范基地创建工作。四是加快推进绿色循环低碳试点示范。积极推动循环经济试点示范，加快国家低碳城市试点建设，出台实施方案，启动一批低碳项目建设。五是推进山水林田湖生态保护修复试点。编制完成赣州山水林田湖生态保护实施方案，启动生态保护修复项目建设。

（二）开展重点专项行动

开展了“三治理、两提升、一督查”六大专项行动。一是加强工业园区整治。全面完成工业园区污水配套管网建设，加快淘汰燃煤小锅炉，筛选化工园区危险化学品，加快推进吉安、赣州危险废弃物处置点建设。二是推进农业面源污染治理。江西省所有畜牧养殖县完成畜禽养殖“三区”划定工作，开展了畜禽养殖污染专项执法行动，加快推动粪便有机肥转化利用、农作物秸秆综合利用和化肥农药减量使用。三是加强大气污染治理。超额完成了火电机组超低排放改造任务，完成了火电行业排污许可证核发工作。四是加强水污染防治。聚焦长江经济带建设，推进共抓大保护，开展了长江经济带突出问题整改、沿江污染专项整治、入江排污口专项检查等系列专项行动。开展清河提升行动，推进湖泊保护立法工作，全面启动劣V类水体和城市黑臭水体整治。五是实施城乡环境综合整治。推进生活垃圾和污水处理设施建设，建成垃圾焚烧发电设施。开展铁路、高速公路沿线垃圾整治。推进农村环境第三方治理。六是抓实生态环保督察。落实中央环保督察整改工作，问题已整改完成。在新余、九江、萍乡开展省环保督察，形成反馈意见和责任追究问题清单。在省有关媒体曝光环境污染事件，推动环境问题的解决。

（三）实施生态建设工程

实施森林质量提升工程。开展流域综合治理工程。实施绿色发展推进工程。推进全国绿色有机农产品试点省建设，创建绿色有机农产品示范县。加快全域旅游示范区建设。加快产业绿色化升级改造，在江西省范围开展智能化改造和绿色化改造专项行动，实施绿色制造体系建设六大工程，启动赣江新区绿色制造体系建设试点。实施生态保护扶贫工程。积极开展易地搬迁扶贫。

（四）加强生态文明制度建设

在生态文明示范区建设中，江西抓住薄弱环节，扫清制度障碍，发挥体制机制改革的牵引作用，全面推进自然资源产权制度和管理体制、自然资源有偿使用制度和生态补偿等制度、生态环境损害赔偿制度和责任终生追究制度等一系列制度探索。一是摸清本底。推进自然资源产权确权登记试点，已形成初步成果，启动自然资源资产管理体制改革，推动组建自然资源资产管理机构。二是守住底线。建立资源环境承载监测预警机制。开展生态保护红线校核完善，落实耕地和水资源管理红线。把禁止开发区和重要江河源头、主要山脉、重点湖泊等生态功能极重要地区划入红线范围，开始在东江源、赣江源、抚河源等流域开展生态补偿试点。2014 年，《江西东江源生态保护补偿规划》出台，这是江西省首部生态保护补偿规划，困扰多年的东江源生态补偿难题有望破解，更多群众将享受到生态保护带来的红利。三是科学管控。编制重点生态功能区产业准入负面清单。四是改革环境保护管理体制。深化环保监测机构垂直管理改革，启动环境监管和行政执法机构试点和城乡环境保护监管执法试点。五是强化生态环境保护机制。出台生活垃圾分类实施方案，启动试点工作。编制完成生产者责任延伸实施方案。启动江西省"生态云"大数据平台设计工作。六是健全生态环保市场化机制。推进绿色金融改革创新示范区，完善碳排放权交易总量设定与配额方案。七是完善司法保障机制。建立公益诉讼案件省法院登记备案制度，编制生态检察试点方案，推进环境资源审判改革。八是完善考核评价制度。出台生态文明建设目标评价考核办法，并尽快开展考核。九是建立离任审计制度。自然资源资产负债表形成初步成果，出台党政领导干部离任审计实施意见，开展试点审计，推动江西省建立经常性审计制度。十是健全责任追究制度。出台党政领导干部生态环境损害责任追究实施细则，建立精准追责、终身追责机制，加快完善考核追责的统筹协调。2013 年，江西省在全国率先建立"绿色"市县考核体系，实行差别化分类考核，经济发展占考核总权重的 40%。建立生态文明建设差异化的考核评价体系，对限制、禁止开发区域和生态脆弱的国家扶贫开发工作重点县地区取消生产总值考核。健全生态环境重大决策和重大事件问责制，对生态环境造成严重后果的，不得转任重要职务或提拔使用，实行终身追责。

（五）加大绿色金融支持力度

绿色金融是破除绿色资金瓶颈的有效手段，更是支撑生态文明建设的正向激励制度安排。当前江西生态文明建设基础仍然不强、矛盾仍然突出、压力仍然较大。2017 年 2 月，江西省发改委发布《国家生态文明试验区（江西）实施方案（征求意见稿）》，明确了大湖流域生态文明建设的新模式，即通过流域生态补偿、生态修复、生态扶贫、绿色产业等方式来培育江西绿色发展的新动能，实现绿色富省、绿色惠民的“秀美江西梦”，而绿色发展新动能的培育离不开环保项目、环保产业和环保投资的跟进。当前江西生态文明建设的资金缺口较大，绿色金融发展的潜力巨大。围绕江西生态文明试验区建设目标，依托赣江新区绿色金融改革创新实验区，坚持顶层联动、政策激励与考评监管机制并举，打通绿色金融薄弱环节，以信贷、债券、基金、保险、碳金融为突破口，完善江西绿色金融体系。同时，强化金融机构、信息共享与专业人才支撑，构建绿色金融保障体系。

三、专家点评

江西省作为首批国家生态文明试验区之一，以此为契机打造美丽中国“江西样板”，把生态文明理念融入经济建设、政治建设、文化建设、社会建设各方面和全过程，围绕“生态自然之美、和谐文明之美、绿色发展之美、制度创新之美”，探索生态文明建设新模式，当好生态文明建设领跑者，走出一条经济发展和生态文明水平提高相辅相成、相得益彰的新路，使绿水青山产生巨大的生态效益、经济效益、社会效益。江西省建设国家生态文明试验区的主要亮点是：

1. 实施重大生态工程，保持生态质量全国领先。

江西在原有生态基础上，继续推进新一轮造林绿化与退耕还林、封山育林、低产低效林改造、乡村风景林建设等生态林业工程，改善林分结构，提高森林蓄积量和林分质量；实施鄱阳湖流域清洁水系工程和鄱阳湖湿地生态修复工程，加强鄱阳湖、“五河”流域水系、水源涵养区、饮用水源区的保护和建设，探索大湖流域生态文明建设新模式；建立健全湿地资源监测体系，加强湿地保护和修复力度，严格控制开发占用自然湿地，以实实在在的效果构建起支撑江西省绿色发展的生态安全格局，环境污染综合治理工作进一步推进，“净空、净水、净土”行动成效明显。

2. 坚持“生态 +”理念，推动绿色经济走在前列。

江西省坚持“生态 +”理念，加快发展绿色产业，构建绿色产业体系。构建生态有机的绿色农业体系，进一步优化调整特色农业产品结构，推进农产品规模化、标准化、生态化生产，打造一批全国知名的绿色食品原料基地；深入推进“百县百园”工程，积极创建一批国家级现代农业示范区和国家有机产品认证示范区，打造一批休闲旅游农业园区；全面推广农业清洁生产技术，推动农业生产循环化改造，创建一批循环型生态农业示范园。构建低碳循环的绿色工业体系，推进传统产业绿色转型升级，引导钢铁、石化等产业集聚发展；实施工业清洁生产促进工程，重点在重金属污染防治重点防控行业、产能过剩行业实施一批清洁生产项目；积极建设“生态 +”产业园区，实施“互联网 +”产业集群建设行动；推进建设工业污水、废气、固体废弃物处理设施，加快工业园区污水处理厂配套管网建设。

3. 推动改革创新，形成生态文明建设制度成果。

建立系统完整的生态文明制度体系是国家生态文明试验区建设的核心任务。形成资源有偿使用和生态补偿制度成果，建立自然资源开发使用成本评估机制，完善矿产资源有偿使用、矿山环境治理和生态恢复保证金制度，通过对口支援、产业园区共建、增量受益、社会捐赠等形式，探索多元化的生态补偿机制。形成河湖流域综合管理制度成果。深入实施“河长制”，制定配套办法，建立河湖生态健康调查和评价标准体系，进一步修订相关规划和技术标准。形成自然资源资产产权制度成果。做好自然资源资产负债表编制试点工作，构建水资源、土地资源、森林资源等资产和负债核算体系，建立主要自然资源实物量核算账户。

保护生态环境就是保护生产力

——海南省建设国际旅游岛

保护生态环境就是保护生产力，改善生态环境就是发展生产力。良好生态环境是最公平的公共产品，是最普惠的民生福祉。青山绿水、碧海蓝天是建设国际旅游岛的最大本钱，必须倍加珍爱、精心呵护。

在伟大复兴新征程上扬帆远航。图为建设中的海南东环铁路海口段。

一、背景导读

2013 年 4 月 8 日至 10 日，中共中央总书记、国家主席、中央军委主席习近平在海南考察时强调：海南作为全国最大经济特区，后发优势多，发展潜力大，要以国际旅游岛建设为总抓手，闯出一条跨越式发展路子来，争创中国特色社会主义实践范例，谱写美丽中国海南篇章。

一路上，习近平集中了解国际旅游岛建设的进展，实地调研海南转变经济发展方式、保障和改善民生、加强生态文明建设、转变工作作风的情况。加快建设国际旅游岛是中央的重大决策，也是海南的最大机遇和最强比较优势。要坚持以邓小平理论、“三个代表”重要思想、科学发展观为指导，认真贯彻党的十八大和十八届二中全会精神，以更大的力度解放思想、深化改革、扩大开放，充分调动广大干部群众的积极性，通过锲而不舍、艰苦奋斗创造美好未来。

习近平十分关心海南生态文明建设，每到一地都要同当地干部群众共商生态环境保护大计。他希望海南处理好发展和保护的关系，着力在“增绿”“护蓝”上下功夫，为全国生态文明建设当好表率，为子孙后代留下可持续发展的“绿色银行”。

2018 年 4 月 11 日至 13 日，习近平在出席博鳌亚洲论坛 2018 年年会有关活动后再次考察海南。全面贯彻党的十九大和十九届二中、三中全会精神，统筹推进“五位一体”总体布局、协调推进“四个全面”战略布局，以更高的站位、更宽的视野、更大的力度谋划和推进改革开放，充分发挥生态环境、经济特区、国际旅游岛的优势，真抓实干加快建设美好新海南。习近平对海南省重视生态环境保护的做法表示肯定，他指出：我们党提出生态文明建设是一个历史性贡献。青山绿水、碧海蓝天是海南最强的优势和最大的本钱，是一笔既买不来也借不到的宝贵财富，破坏了就很难恢复。要把保护生态环境作为海南发展的根本立足点，牢固树立绿水青山就是金山银山的理念，像对待生命一样对待这一片海上绿洲和这一汪湛蓝海水，努力在建设社会主义生态文明方面做出更大成绩。

二、具体做法

海南省委省政府牢记习近平总书记嘱托，以空前力度开展生态保护与建设，同时立足生态优势，大力发展绿色经济，绿色发展之路越走越宽。

（一）划定生态红线，严守生态底线

2015 年，海南率先在全国开展省域“多规合一”改革，将资源利用上限、环境质量底线、生态保护红线作为《海南省总体规划（2015—2030）》的底线和刚性约束，要求城镇建设、产业发展和基础设施布局必须以资源环境承载力为基础，最大限度守住资源环境生态红线。

为了守住划定红线，海南研究出台了《海南省推进生态文明体制重点改革实施方案》，明确了海南作为环境生态大省，必须以体制创新守住生态底线。省政府办公厅印发了《海南省陆域生态保护红线区开发建设管理目录》，建立生态保护红线环境准入机制，按照“一区一策”要求，实施建设项目准入管理。

海南还先后出台了《生态补偿条例》《生态环境损害责任追究制度》《生态转移支付暂行办法》等近 40 项地方环境法规，从源头上、制度上为海南山青水绿构建起一道道防护网。2017 年 7 月 19 日，海南省人大常委会审议通过《海南省环境保护条例修

正案（草案）》，其中明确指出将建立并完善生态环境损害责任终身追究制，实行自然资源资产和生态环境保护责任审计。

（二）保护修复并举，彰显生态招牌

良好的生态环境是海南的金字招牌，也是海南最大的优势。为彰显这块金字招牌，海南保护与修复并举，声势浩大地在海南省范围内持续开展违建、城乡环境、海岸带、城镇内河湖水污染、林区生态修复和湿地保护、大气污染六大专项环境整治行动。

中国最南端的城市三沙设市以来，将岛礁绿化作为保护生态环境的重要举措，深入开展岛礁植树行动。在岛礁上种树很不容易，高温、高湿、高盐、缺水，树苗、土壤甚至设市之初浇树的淡水都要靠船从其他地方运过来，但三沙市积极应对、努力克服困难。一个个曾经荒芜的岛礁，如今树木掩映，绿意盎然。

（三）践行绿色发展，共享生态福祉

得天独厚的生态环境是海南发展的生命线，现在已成了海南广大干部群众的共识。在海南吊罗山国家森林公园，有一条旅游公路，不时出现的“路中树”成了蜿蜒山路中的一道景观。为了生态保护，建设者在施工中坚持不砍一棵树，采取大树绕行、小树移栽的方法，保护生态红线。白沙黎族自治县是海南生态核心区，这里山清水秀、热带雨林密布，白沙为了守护绿水青山，继

续扩大被划为生态红线的国土面积。

海南有大量不符合环保要求的建设项目被拒之门外。拒绝高污染项目的同时，海南立足优势调结构、转方式，努力改变产业结构单一的问题，培育壮大互联网、旅游、热带高效农业、医疗等 12 个重点产业。2017 年，海南经济稳中求进，这 12 个产业成为经济增长的主要支撑力量。

三、专家点评

海南省建设国际旅游岛，立足海南独特的生态环境，通过生态化、国际化，把生态优势转化为经济优势，实现绿色发展，其发展的特点主要体现在如下两个方面。

1. 坚守绿色就是坚守发展。

保护生态环境就是保护生产力，改善生态环境就是发展生产力。国际旅游岛在历史上没有现成模式，国际上也没有统一标准。海南国际旅游岛建设立足绿色生态优势，把海南的生态、环境、植被、气候、空气、蓝天、海水、沙滩作为发展的最强优势和最大本钱，突出生态化和国际化，建设高质量的国际旅游岛。一方面把生态化作为发展的载体。海南省多年来一直致力于生态环境的改善，海南岛的空气质量居全国首位，拥有“天然大氧吧”和“生态大花园”的美誉。另一方面把国际化作为发展的抓手。海南发挥经济特区优势，在旅游对外开放和体制改革等方面积极探索，先行试验。世界上主要旅游酒店管理公司也纷纷进入海南。海南是亚洲地区国际知名度假酒店分布最密集的地区，五星级宾馆拥有率在全国平均人口占有比例最高。国际化成为海南省最大的名片。

2. 综合推进生态经济、生态社会、生态环境建设。

贯彻习近平生态文明思想，对旅游区的地质资源、生物资源和涉及环境质量的各类资源进行统筹谋划，综合推进。消除或减少污染源，加强对环境质量的监测。充分发挥海南自然环境优势发展生态旅游，将生态旅游与传统观光旅游结合起来，将生态旅游与中部山区的扶贫开发结合起来，将生态旅游与现有的各种旅游产品的改造和转型结合起来，提高旅游业的国际化水平，建设生态经济、生态社会、生态环境，从而实现海南经济的可持续发展。

保护好“中华水塔”

——青海省推进三江源国家公园体制试点

要搞好中国三江源国家公园体制试点，保护好“中华水塔”，确保“一江清水向东流”。我们不能欠子孙债，一定要履行好责任，为千秋万代负责，要有这种责任担当。

青海三江源辅展线背景

一、背景导读

2016年8月，习近平总书记到青海视察时强调：生态环境保护和生态文明建设，是我国持续发展最为重要的基础。青海最大的价值在生态、最大的责任在生态、最大的潜力也在生态，必须把生态文明建设放在突出位置来抓，尊重自然、顺应自然、保护自然，筑牢国家生态安全屏障，实现经济效益、社会效益、生态效益相统一。青海生态地位重要而特殊，必须担负起保护三江源、保护“中华水塔”的重大责任。要坚持保护优先，坚持自然恢复和人工恢复相结合，从实际出发，全面落实主体功能区规划要求，使保障国家生态安全的主体功能全面得到加强。要统筹推进生态工程、节能减排、环境整治、美丽城乡建设，加强自然保护区建设，搞好三江源国家公园体制试点，加强环青海湖地区生态保护，加强沙漠化防治、高寒草原建设，加强退牧还草、退耕还林还草、三北防护林建设，加强节能减排和环境综合治理，确保“一江清水向东流”。

二、具体做法

青海省在以往生态保护建设工作的基础上，在全国率先制定出台了《三江源国家公园体制试点方案》。2016 年 4 月 13 日，青海三江源国家公园体制试点在青海启动，这是继 2014 年启动实施三江源生态保护区建设一、二期以来，青海又一项生态文明建设重大举措上升为国家战略。青海成为我国第一个探索国家公园全新体制的试点省份。

（一）建立国家公园体制试点区

党的十八届三中全会《决定》提出“建立国家公园体制”后，国家发展改革委、环境保护部、国家林业局、住房城乡建设部等部委在各自领域开展了国家公园体制研究工作。2015 年 1 月，国家发改委等 13 个部委成立了国家公园体制试点领导小组，提出用三年时间在9个省区各选择一个区域开展国家公园体制试点，在地方探索实践基础上，构建我国国家公园体制的顶层设计，并印发了《建立国家公园体制试点方案》。

《建立国家公园体制试点方案》强调，坚定不移实施主体功能区规划制度，划定生态保护红线，以实现重要自然生态资源国家所有、全民共享、世代传承为目标，在突出生态保护、统一规范管理，明晰资源权属、创新经营管理、促进社区发展等方面进行探索。

通过试点，对列入国家禁止开发区的国家级自然保护区、风景名胜区、森林公园、地质公园、世界文化自然遗产等进行整合调整，使区域内的各类保护地交叉重叠、多头化管理的碎片化问题得到基本解决，探索形成统一、规范、有效的管理体制和资金保障机制，自然资源资产的产权归属更加明确，统筹保护和利用取得重要成效，既实现生态系统和文化自然遗产的完整有效保护，又为公众提供精神、科研、教育、游憩等公共服务功能，形成可复制、可推广的保护管理模式。

（二）试点范围和目标定位

三江源国家公园范围划定依据包括：一是凸显对三江源头典型代表区域的保护，以国家意志加大对“中华水塔”的保护力度。二是着力对自然保护区进行优化重组，增强联通性、协调性和完整性，结合乡级行政区划和自然地理界线，合理划定各园区范围。三是努力体现全民共享，把生态保护价值突出，又兼具自然景观独特、文化遗产原真、生物多样性丰富，并具有一定可达性的区域，规划为国家公园园区。

三江源国家公园由黄河源园区、长江源（可可西里）园区、澜沧江源园区组成。三江源国家公园范围包括可可西里国家级自然保护区，三江源国家级自然保护区的扎陵湖—鄂陵湖、星星海、索加—曲麻河、果宗木查和昂赛5个保护分区（含交叉重叠的国际重要湿地等保护地），涉及果洛藏族自治州玛多县，玉树藏族自治州杂多、曲麻莱、治多3县和可可西里国家级自然保护区管理局管辖区域。

遵循“创新、协调、绿色、开放、共享”的发展理念，三江源国家公园目标定位是：建成青藏高原生态保护修复示范区，建成三江源共建共享、人与自然和谐共生的先行区，建成青藏高原大自然保护展示和生态文化传承区。

（三）体制试点的主要任务

1. 突出并有效保护修复生态。

坚持以自然修复为主，生物措施和工程措施相结合，采用先进适用的恢复和治理技术，着力维持并提升三大源头区水源涵养生态服务功能，提高生态产品供给能力。

一是按照生态系统功能、保护目标和利用价值将各园区划分为核心保育区、生态保育修复区、传统利用区等不同功能区，以黄河源园区为例，实行差别化保护。核心保育区以强化保护和自然修复为主，保护好冰川雪山、江源河流、湖泊湿地、草原草甸和森林灌丛，着力提高水源涵养和生物多样性服务功能；生态保育修复区以中低盖度草地的保护和修复为主，实施必要的人工干预保护和恢复措施，加强退化草地、沙化土地治理、水土流失防治和天然林地保护，实行严格的禁牧、休牧、轮牧，逐步实现草畜平衡，使湖泊、湿地、草地得以休养生息；传统利用区适度发展生态有机畜牧业，合理控制载畜量，保持草畜平衡。

二是按照山水林草湖系统治理的要求，统筹实施三江源二期、湿地保护、生物多样性保护等工程项目，综合治理。

三是进一步强化生态保护的政策支撑，实行与国家公园体制相适应、有利于严格生态保护的草原承包经营权流转制度。

四是以生态体验和环境教育促进生态保护。按照绿色、环保、低碳的理念设计生态旅游线路、环境教育项目，确定游客承载能力，实行门票预约和限额制度。把县城或重要城镇作为公园的支撑服务区，集中布局公共服务和访客接待、交通运输、自驾营地、医疗救护等设施，尽可能减少人为活动对园区自然生态的干扰与影响。

2. 探索人与自然和谐发展的模式。

实现国家公园自然资源的严格保护和永续利用，核心是处理好当地牧民群众全面发展与资源环境承载能力的关系，将保护生态与精准扶贫相结合，与牧民转岗就业、提高素质相结合，与牧民增收改善生产生活条件相结合。

一是按照山水林草湖一体化管理的要求，进一步科学合理扩大生态管护公益岗位规模。将现有草原、湿地、林地管护岗位统一归并为生态管护员公益岗位，负责对园区内的湿地、河源水源地、林地、草地、野生动物进行日常巡护，开展法律法规和政策宣传，发现报告并制止破坏生态行为，监督执行禁牧和草畜平衡情况。建立牧民群众生态保护业绩与收入挂钩的机制。

二是建立健全当地牧民参与国家公园的共建机制，鼓励支持牧民从事公园生态体验、环境教育服务，从事生态保护工程劳务、生态监测等工作，优先安排园区内牧民群众和周边的无畜户、少畜户和贫困户，使牧民在参与生态保护、公园管理和运营中获得稳定收益。

三是建立牧民群众、社会公众参与特许经营的机制。保持草原承包经营权不变，通过发展生态畜牧业合作社，积极探索特许经营方式对园区草原进行经营利用。生态体验、游憩服务和环境教育等实行特许经营的领域重点向当地牧民群众倾斜，并逐步向社会开放。鼓励支持牧民群众以投资入股、合作、劳务等多种形式开展家庭旅馆、牧家乐、民族文化演艺、交通保障、旅行社等经营项目，促进当地第三产业发展。加强县城及周边重点乡镇公共设施建设，引导牧民向城镇转移就业，让牧民群众更多地享受国家公园建设发展带来的实惠，协同推进生态良好、牧民富裕、社会和谐，实现共同迈入全面小康社会。

3. 创新生态保护管理体制机制。

三江源国家公园范围内土地所有权全部为全民所有。可可西里国家级自然保护区管理局拥有保护区范围内土地使用权，公园其他的草地使用权全部承包落实到牧户。三江源国家公园所有权由中央政府直接行使，试点期间由中央政府委托青海省政府代行所有权。

坚持整合优化、统一规范，不作行政区划调整，不新增行政事业编制，组建管理实体，行使主体管理职责。组建中国三江源国家公园管理局，行使三江源国家公园的自然资源资产管理和国土空间用途管制职责，依法实行更加严格的保护。试点期间，各有关部门依法行使自然资源监管权。在 3 个园区分别设国家公园管理委员会和党工委，长江源园区涉及治多、曲麻莱两县，管委会在两县分别设立派出机构。

管委会或其派出机构负责园区国土空间用途管制，统一对保护地规范管理。同时，园区范围内乡镇政府加挂保护管理站牌子，增加国家公园相关管理职责。整合国家公园所在县资源环境执法机构和人员编制，由管委会实行资源环境综合执法。

4. 有效扩大社会参与。

坚持国家所有、全民共享原则，建立社会广泛参与保护管理、科研监测、特许经营、志愿者服务、社会监督等方面的机制。

一是建立健全社会投资与捐赠制度。以园区作为平台和载体，制定社会投资与捐赠制度和相关配套政策，广泛吸收企业、公益组织和个人参与国家公园生态保护、园区建设与发展，给投资捐赠方予以荣誉和信誉保障，鼓励支持社会资本领办生态恢复治理区块和项目，开展特许经营。

二是推行志愿者服务机制。建立志愿者招募、管理、培训、参与、保障、奖励制度，广泛吸引社会各界志愿者，特别是青少年志愿者参与国家公园志愿服务工作，通过志愿参与活动提升社会各界的生态环保意识，扩大国家公园影响力。

三是建立社会参与合作机制。秉持开放、合作、包容、共建共享的理念，建立公开透明的信息平台，推动社会组织和个人参与到国家公园生态保护、社区共建、特许经营、授权管理、宣传教育、科学研究等合作领域。

四是建立大专院校和科研机构合作参与机制。搭建合作发展平台，鼓励支持大专院校和科研机构参与国家公园的规划设计、生态保护、科研监测、社区共建等，为国家公园建设与发展提供科技支撑和技术服务。

五是建立健全社会监督机制。建立国家公园信息公开制度，搭建公众参与平台，建立举报制度和权利保障机制，保障社会公众的知情权、监督权，接受各种形式的监督。不断扩大影响力和受众面，提升国家公园的社会化管理水平。

（四）试点的初步成效

1. 遏制生态退化趋势。

20 世纪末，由于自然气候和人类活动加剧等因素，这一地区的冰川、草原、湖泊等生态系统发生退化。2005 年，三江源自然保护区成立。为遏制生态退化趋势，国家投入大量资金，大批牧民搬离了草原，大批农牧民主动减少了牲畜养殖数量。为了长远发展和江河源头的生态责任，青海省政府和保护区的群众主动承担起保护生态大任，长久以来施行以保护为前提的经济发展和民生改善。

经过多年持之以恒的保护，黄河源头玛多县的动植物种群数量增加，“千湖美景”归来。汽车穿过黑河镇，没多久就能看到著名的星星海，湿地上分布着大大小小上千个湖泊，登高远眺，草原与形态各异的湖泊相互辉映，美不胜收。

青海在保护中发展，在实践中探索。从三江源生态保护和建设一期工程圆满完成，二期顺利启动，实施面积也在扩大。通过退牧还草、禁牧搬迁、鼠害防治、封山育林、黑土滩治理、沙漠化治理、水土保持等项目的实施，三江源生态环境良好改观。生态保护工程实施以来，三江源地区水体局部扩张，荒漠生态系统局部向草原生态系统转变。

2. 保护措施更加有效。

三江源国家公园规划范围以三大江河的源头典型代表区域为

主构架，优化整合了可可西里国家级自然保护区。三江源国家级自然保护区等构成了“一园三区”格局，即长江源、黄河源、澜沧江源3个园区。这3个园区实行了差别化保护，按照生态系统功能划分为核心保育区、生态保育修复区、传统利用区。实行与国家公园体制相适应、有利于严格生态保护的草原承包经营权流转制度。合理确定生态体验和环境教育游客承载数量，把县城和重点城镇作为国家公园支撑服务区，集中布局公共服务和访客接待、自驾营地、医疗救护等设施，尽量减少人为活动对园区生态的干扰和影响。

划入国家公园内的冰川、河流、湿地、草原、森林等自然资源为国家所有、全民共享，所有权由中央政府直接行使，试点期间由中央政府委托青海省政府代行。省级层面，将依托三江源国家级自然保护区管理局，组建由省政府直接管理的三江源国家公园管理局，对公园内的自然资源资产进行保护、管理和运营。

在三江源保护区禁牧搬迁、鼠害防治、封山育林、黑土滩治理、沙漠化治理、水土保持等项目背后，存在着多个部门多头管理的问题。试点工作将着力构建归属清晰、权责明确、监管有效的生态保护管理体制，彻底改变三江源地区政出多门、多头管理等弊端。通过体制机制创新，实现自然资产的监管和国土空间用途管制“两个统一行使”，是国家公园体制试点的核心任务和重要目标。

三江源国家公园建立社会广泛参与保护管理，社会投资机制、志愿服务机制、社会参与机制、大专院校和科研机构合作参与机制、社会监督机制，提升国家公园的社会化管理水平。在保护过程中，依托互联网建设官方网站和运营信息平台建设，在不同的季节和时间通过预约，约束监督园区人流。官方网站进行信息园区对外发布，并保障社会公众的知情权、监督权。青海通过实践、创新，把三江源国家公园努力打造成中国生态文明建设的一张名片、国家重要生态安全屏障的保护典范。

3. 针对试点区生态系统脆弱性和敏感性强的特点，突出生态保护并建立长效保护机制，在此基础上实现自然资源持续利用。

坚持生态保护第一，这是三江源国家公园体制试点的第一原则。整个试点工作要最大限度服务和服从于保护，要体现“严格”这两个字，这个“严格”不同于过去“封闭式”“只堵不疏”的保护，而是“尊重规律、科学施策、开放合作”的保护。主要体现在五个方面：一是按照生态系统功能、保护目标和利用价值将各园区划分为核心保育区、生态保育修复区、传统利用区等不同功能区，实行差别化保护策略。二是实施严格的禁牧休牧轮牧、草畜平衡制度，实行与国家公园体制相适应、有利于严格生态保护的草原承包经营权流转制度，合理控制载畜量，在传统利用区适度发展生态有机畜牧业，保持并提升草场生产力和生态服务功能。三是针对国家公园高原特有野生动物呈明显恢复性增长态势，探索建立野生动物保护长效机制。四是将现有护草员、护湿员和护林员等统一归并为生态管护员，对山水林草湖进行一体化管护，并建立对管护员的考核机制，保证管护成效。五是在国家公园试点县域编制自然资源资产负债表、进一步强化对领导干部和领导班子目标考核和离任审计，由“指挥棒”引导“严格保护”落地生根。

4. 针对试点区内各类保护地交叉重叠、多头管理和管理不到位、缺位的问题，通过创新生态环境保护管理体制，解决“九龙治水”，实现“两个统一行使”。

国家公园体制试点核心就是体制机制创新，在三江源国家公园体制试点中，不仅包括管理体制创新，还包括生态保护模式，人与自然和谐发展模式的创新。

一是在管理机构上，重点解决“九龙治水”，探索实现“统一行使全民所有自然资源资产所有者职责，统一行使所有国土空间用途管制职责”。组建三江源国家公园管理局，由省政府直接管理。在 3 个园区分别设立管理委员会，进行“三个划转整合”，将国家公园所在县涉及自然资源管理和生态保护的有关机构职责和人员划转到管委会；将公园内现有保护地管理职责都并入管委会；对国家公园所在县资源环境执法机构和人员编制进行整合，由管委会统一实行资源环境综合执法，使“两个统一行使”，尤其是国土空间用途管制真正落在属地。

二是在运行机制上，全面体现绿色、共享、开放、合作和公益属性。三江源国家公园属中央事权，园区建设、管理和运行等所需资金逐步纳入中央财政支出范围，探索管理权和经营权分立，经营项目实施特许经营。立足全面建成小康社会奋斗目标，与打赢脱贫攻坚战相衔接，科学设置并较大幅度扩大生态管护公益岗位规模，并建立牧民生态管护业绩与收入挂钩机制。同时，建立有序扩大社会参与机制，提升国家公园的社会化管理水平。

三是在资金项目上，遵循山水林田湖草是一个生命共同体的理念，对保护治理资金和项目进行整合，按照三江源生态系统的整体性、系统性及其内在规律，将冰川雪山、草原草甸、森林灌丛、河流湿地、野生动物等作为一个整体，进行整体保护、系统修复，一体化管理。

5. 针对试点区生态保护与民生改善的矛盾，妥善处理好试点区与当地居民生产生活的关系，促进社区发展。

处理好生态保护与民生改善的关系，实现人与自然和谐共生是三江源国家公园体制试点的重点和难点。国际上其他国家公园一般少有原住民，三江源国家公园范围内人口密度较低，可可西里等地可以说是公认的荒野区。即使如此，3 个园区范围内的原住民数量仍不容小觑。由于这里自然条件相当严酷，传统草地畜牧业是当地主体产业，牧民群众就业增收渠道窄，贫困人口的贫困程度深，且祖祖辈辈世代居住的藏族群众，逐水草而居的生产生活方式，已经融入当地生态系统，成为不可或缺的一部分。此外，在试点中，着力将保护生态与精准扶贫相结合，与牧民转岗就业、提高素质相结合，与牧民增收改善生产生活条件相结合。主要做法有：一是按照山水林草湖一体化管理的要求，进一步科学合理扩大生态管护公益岗位规模，使牧民由草原利用者转变为保护生态为主，兼顾草原适度利用，建立牧民群众生态保护业绩与收入挂钩机制。二是鼓励引导当地牧民参与国家公园建设，扶持他们从事公园生态体验、环境教育服务，从事生态保护工程劳务、生态监测等工作，使牧民在参与生态保护、公园管理和运营中获得稳定收益。三是按照有关法律法规，园区牧民对草原拥有承包经营权，在国家公园体制试点中，稳定家庭承包经营制度，通过发展生态畜牧业合作社，尝试将草场承包经营转为园区特许经营。四是鼓励支持牧民群众以投资入股、合作、劳务等多种形式开展多种经营项目，从中获得收益。同时，加强县城和乡镇配套设施建设，引导老人和孩子继续向城镇集中，让牧民群众更多地享受国家公园建设发展带来的实惠。

三、专家点评

三江源国家公园体制试点，是我国生态文明建设的一次重大创新，是习近平生态文明思想的一次伟大实践，关系战略全局，对建立以国家公园为主体的自然保护地体系具有重大示范意义。青海省推进三江源国家公园体制试点的主要亮点是：

1. 对标最严格的生态保护标准，率先探索建立国家公园生态保护新机制。

按照中央生态文明制度改革总体部署，采取最严格的生态保护政策，执行最严格的生态保护标准，落实最严格的生态保护措施，实行最严格的责任追究制度，切实以生态保护优先理念统领各项工作，务求做到绝不欠新账、尽快还清旧账，致力于持续筑牢国家生态安全屏障。依托青海生态文明先行示范区和三江源国家生态保护综合试验区建设良好工作基础，坚持“大部门、宽职能、综合性”的原则，整合行政资源，减少管理层次，构建精简、高效、统一、精干的行政管理机构，率先探索建立三江源国家公园生态保护新体制、新机制。

2. 把握历史机遇和责任，以强有力的组织领导全力推进体制试点。

三江源国家公园体制试点既是生态报国的历史责任，也是绿色发展的现实机遇。通过试点带动青海省生态文明制度体系建设，先后实施多项原创性改革，基本改变了“九龙治水”局面，努力解决执法监管“碎片化”问题，初步理顺自然资源所有权和行政管理权的关系，走出了一条富有青海特色的国家公园体制探索之路。通过省委书记、省长任双组长的三江源国家公园体制试点领导小组，明确省委和省政府各一名分管领导具体牵头，落实相关部门主体责任，调动省州县各级积极性，打造纵向贯通、横向融合的领导体制。

3. 坚持目标导向和问题导向相结合，不断破解各种难题。

坚持目标导向、规划引领，明晰实现路径，紧紧咬住试点方案中提出的目标任务，不断加大制度创新、制度供给、制度配套，强化制度执行，着力重点突破。坚持问题导向，聚焦“九龙治水”、监管执法“碎片化”问题，处理好自然资源所有权和行政管理权的关系，协调好生态保护与经济发展的关系，理顺不同政府部门之间、管理者与利用者之间的关系。强化生态保护与改善民生有机统一，推动国家公园建设与牧民群众增收致富、转岗就业、改善生产生活条件相结合，促进生态保护与精准脱贫相结合，特别是通过设置生态管护公益岗位，使牧民群众能够更多地享受改革红利，充分调动其参与保护生态和国家公园建设的积极性。

努力构筑国家西部生态安全屏障

——甘肃省坚定不移走绿色发展崛起之路

要贯彻习近平新时代中国特色社会主义思想和党的十九大精神，坚持稳中求进工作总基调，贯彻新发展理念，坚定信心，开拓创新，真抓实干，团结一心，全面做好稳增长、促改革、调结构、惠民生、防风险、保稳定各项工作，深化脱贫攻坚，加快高质量发展，加强生态环境保护，保障和改善民生，努力谱写加快建设幸福美好新甘肃、不断开创富民兴陇新局面的时代篇章。

全域旅游打造乡村振兴“绿色引擎”。图为甘南藏族自治州舟曲县曲瓦乡城马村景色。

一、背景导读

从水草丰茂的山丹马场，到郁郁葱葱的八步沙林场，再到美丽宜人的黄河之滨，习近平总书记在甘肃视察期间，多次就甘肃的生态文明建设亲自“把脉开方”，提出了加强生态环境保护，努力构筑国家西部生态安全屏障的要求。

甘肃是我国北方重要的生态安全屏障，对阻止腾格里和巴丹吉林两大沙漠汇合、阻挡沙漠阻断河西走廊、阻挡沙漠南侵威胁青藏高原等有重要作用。是国家“两屏三带”生态安全战略重要实施区，对于国家生态安全具有重要战略保障作用。

近年来，祁连山生态保护由乱到治大见成效，沙漠变绿洲的奇迹正在发生，绿色成为甘肃发展的鲜明主题。但甘肃省生态建设仍处于爬坡期，环境保护任务仍然艰巨，甘肃省环境污染和破坏的风险隐患仍然较多，把“绿水青山”变为“金山银山”的能力还需要不断提高。

新中国成立特别是改革开放以来，甘肃省上下对环境保护和生态文明建设的认识不断深化，环境保护事业有序发展，污染治理成效不断显现；生态文明理念逐步确立，生态环境状况持续好转，生态文明建设扎实推进。

党的十八大以来，甘肃省深入贯彻落实习近平生态文明思想和习近平总书记视察甘肃重要讲话和“八个着力”重要指示精神，将生态文明建设和生态环境保护工作作为基础性、底线性任务，确保各项整改任务全面落地见效，着力解决突出环境问题，提升生态环境质量，牢固树立绿色发展理念，坚定不移地走绿色发展崛起之路，环境保护呈现出前所未有的崭新局面。

二、具体做法

（一）生态环境质量持续改善

新中国成立 70 多年来，甘肃省在一穷二白的基础上进行大规模的开发和建设。由于自然条件和历史原因，生态环境十分脆弱，环境问题突出。

1973年，全国第一次环境保护工作会议后，甘肃省正式启动环境保护工作。甘肃污染治理在“六五”时期起步，在“七五”“八五”时期虽然取得较大进展，但随着乡镇企业的蓬勃发展、传统企业扩大产能和东部沿海地区产业优化升级过程中落后产能输入的影响，环境污染加重，环境保护工作面临许多新的挑战。

“八五”时期，甘肃省工业“三废”中一些主要项目的排放总量基本控制在“七五”的水平上，部分指标还有明显削减，甘肃省污染物总量控制初见成效。

“九五”时期，甘肃省环境污染加剧趋势初步得到遏制，部分城市和地区环境质量有所改善，生态环境保护逐步加强。但是，环境形势仍然严峻。

“十五”时期，甘肃省大力实施西部大开发和工业强省战略，在经济保持高速发展的同时，不断加强污染防治和生态保护，确保甘肃省环境质量的总体稳定，为经济社会的可持续发展创造条件。

“十一五”时期是甘肃污染治理力度最大，投入最多，污染减排效果最为明显的五年。

“十三五”时期以来，甘肃省继续将主要污染物总量减排工作作为改善环境质量的重要抓手，全力推进。

近年来，围绕水、气、土三大攻坚战役，甘肃省出台《大气污染防治行动计划》《水污染防治行动计划》和《土壤污染防治行动计划》，配套出台多项政策措施。2018年，甘肃省委省政府出台《甘肃省关于全面加强生态环境保护坚决打好污染防治攻坚战的实施意见》《甘肃省污染防治攻坚方案》等一系列政策法规和文件出台，使环境管理全过程控制不断得到完善和加强，促使甘肃省生态环境重点问题和重点领域问题不断解决，大气、水、土壤污染防治力度前所未有。

水环境质量稳中有升。“十二五”期间，完成环境保护部与省政府签订的《甘肃省“十二五”主要污染物总量减排目标责任书》中所有193个重点减排项目，完成火电、水泥、钢铁、有色、石化等重点行业大气减排任务，实现县县建成污水处理厂的目标和重点涉水行业减排任务。

土壤污染治理加速。2005年开展第一次土壤污染源普查，“十二五”期间，实施多个重金属治理项目和落后产能淘汰项目，截至“十二五”末，与2007年相比，甘肃省重金属污染物排放量明显下降，甘肃省重金属污染防治水平和能力得到明显提升。白银东大沟曾是重金属污染聚集，污染时间长、面积大、浓度高、深度厚。2010年，国家将白银市（白银区）列为全国重金属污染重点防控区，白银市先后实施多个重金属污染治理项目。截至2019年，东大沟重金属点源治理基本完成。挖出的重度污染底泥全部清走，送到专门配套建设的填埋场填埋；挖出的轻度污染底泥，固化稳定化后综合利用于河道水位以上边坡的整治，进行边坡利用。经过底泥治理，有效清除了底泥中的重金属总量，加之河道整治、生态恢复等措施，极大地削减了底泥中重金属往河水中的释放。如今，修复后的东大沟两岸边坡，正在被榆树、枣树和苜蓿花染上绿装。

为保障各项环保任务落实，中央和省级财政持续加大环保专项资金投入力度。重点支持大气污染防治、水污染防治、土壤污染防治、工业企业污染减排与治理、水源地保护、祁连山片区生态环境保护等项目，有力推动环保约束性指标目标任务全面完成，生态环境质量得到持续改善。

（二）生态环境监测体系加快完善

环境监测是环境保护科学决策、科学规划、科学执法的基础性工作。1976 年 8 月，甘肃省兰州环境保护中心监测站成立，为甘肃省第一家专业检测机构。经过近些年的发展，监测队伍发展愈加壮大。

“八五”时期，甘肃省 14 个地、州、市监测站均开展大气、地面水、噪声、污染源的监测工作。“十一五”期间，仅中央财政污染减排监测能力建设和甘肃省财政环境监测能力建设共计投入近亿元，重点完成二级站和三级站的监测仪器设备配套。陇南、临夏、合作共建空气自动监测系统，使甘肃省 14 个市（州）全部实现城市环境空气自动监测。随着环保事业的飞跃发展，甘肃省环境监测工作也步入发展的快车道。

黑河高台段是国家级自然保护区，地处我国候鸟三大迁徙途经西部路线的中段地带，是多种珍稀濒危鸟类迁徙途中的停留栖息地和中转站，每年有几十万只候鸟从这里迁徙。黑河与高台人民息息相关，对河水水质的实时监控尤为重要。2018 年 8 月，张掖高台县城北六坝桥水质自动监测站投入试运营。站内配置了水温、溶解氧、PH、浊度、电导率、高锰酸盐指数、氨氮、总氮、总磷等监测指标，对高台县地表水水质情况进行严密监控，实现了流域内主要污染因子不间断监测分析。

（三）生态文明理念深入人心

1974 年 1 月，甘肃省委成立甘肃省环境保护领导小组，下设环境保护办公室。1979 年 6 月 1 日，成立甘肃省环境保护局。随着国家对环境保护工作的日益重视，环境管理体系日益完善，环境管理机构权重日益加大，2010 年，晋升为省环保厅。2018 年 10 月组建省生态环境厅。

改革开放 40 多年来，中央和省级财政持续加大环保专项资金投入力度。重点用于大气、水、土壤环境污染防治，农村环境整治，生态修复治理，精准扶贫，革命老区及少数民族地区环境污染治理及环保能力建设等方面。

党的十八大以来，甘肃省上下深刻把握习近平生态文明思想的科学自然观、绿色发展观、普惠民生观、系统治理观，持续在学懂弄通做实上下功夫，着力增强建设“山川秀美”新甘肃的政治自觉、思想自觉和行动自觉，尊重自然、顺应自然、保护自然的理念持续树牢，生态文明理念深入人心，生态环境保护日益融入社会生产生活的各方面和全过程。

甘肃省委省政府立足省情，先后出台《关于构建生态产业体系推动绿色发展崛起的决定》和《甘肃省推进绿色生态产业发展规划》，把高质量发展作为新时代坚持发展第一要务的总方向和主基调，将构建生态产业体系作为甘肃省发展的主攻方向，力促发展模式向绿色低碳、清洁安全转变，从源头上根本上确保经济社会可持续发展。生态环境保护工作围绕改善民生，不断探索经济发展与生态环境保护双赢的道路，经济发展与生态环境保护迈向了协同化。

在“放管服”改革中，甘肃省生态环境部门切实提升民营企业投资便利化程度，环评方面制约民营企业发展的隐性门槛被一一拆除。同时，企业环保制度成本降低了，企业获得感大大增强。生态环境部门认真做好“最多跑一次”改革，做实环评审批“瘦身”改革，做细“帮着办”改革，做精区域空间生态环评“三线一单”改革，进一步提高环评审批效率。

三、专家点评

甘肃省自觉扛起生态建设的政治责任，传承八步沙“六老汉”治沙造林精神，永不懈怠、久久为功，加强生态环境保护，着力解决突出环境问题，坚守生态环保红线底线，筑牢西部生态安全屏障，努力建设天更蓝、山更绿、水更清的幸福美好新甘肃。甘肃省生态环境保护的主要亮点是：

1. 加强生态环境保护，牢固树立“绿水青山就是金山银山”的理念。

保护生态环境就是保护生产力，改善生态环境就是发展生产力。正确处理开发和保护的关系，就要“卸下 GDP 的紧箍咒，套上生态环保的紧箍咒”，始终坚持生态第一、环保优先，从根本上转变发展观念。践行新发展理念不动摇、不松劲，对破坏生态环境的行为零容忍、坚决不开口子，牢牢守住生态保护红线、环境质量底线、资源利用上线。同时以新发展理念为指引，推动甘肃省上下形成绿色发展方式和生活方式。

2. 加强生态环境保护，全力构筑国家西部生态安全屏障。

这是甘肃省在国家发展大局中最重要的定位，在生态建设和环境保护上提出必须要有所进展、有所突破、有所改善的要求。甘肃省加强对山水林田湖草综合治理、系统治理、源头治理研究，加强对构筑河西祁连山、南部秦巴山、甘南高原地区、陇东陇中黄土高原和中部沿黄地区“四屏一廊”的研究，加强对黄河生态治理保护的研究。同时，采取更有力、更管用的措施，打好污染防治的攻坚战、区域治理的整体战、防沙治沙的阵地战、绿色发展的持久战，守护好河西走廊的“生命线”，守护好祁连山自然保护区，守护好黄河上游重要水源地，守护好中华民族赖以生存的生态屏障。

3. 加强生态环境保护，全面实施环境污染综合治理。

良好生态环境是最普惠的民生福祉，甘肃省坚决打赢蓝天、碧水和净土保卫战，切实改善大气环境质量，增强人民群众蓝天幸福感；着力消除城市黑臭水体，减少污染严重水体和不达标水体；有效管控农用地和城市建设用地土壤环境风险。同时，全面推开农村人居环境整治，加强农村面源污染治理，推进农业清洁生产，全面助力建设生态宜居的美丽乡村。更紧要的是，及时解决损害群众健康的突出环境问题，让良好生态环境成为人民群众获得感、幸福感的增长点。

持之以恒推进生态文明建设

——河北省塞罕坝林场打造绿色发展范例

全党全社会要坚持绿色发展理念，弘扬塞罕坝精神，持之以恒推进生态文明建设，一代接着一代干，驰而不息，久久为功，努力形成人与自然和谐发展新格局，把我们伟大的祖国建设得更加美丽，为子孙后代留下天更蓝、山更绿、水更清的优美环境。

河北省塞罕坝机械林场几代人扎根塞北高原，创造了“变荒原为林海，让沙漠成绿洲”的人间奇迹。图为塞罕坝 60 年代莽莽荒原，变为今日的万顷林海。

一、背景导读

塞罕坝，历史上有“美丽高岭”的盛誉，曾经水草丰美、森林茂密，是清朝皇家猎苑“木兰围场”的重要组成部分。但清朝末年开围放垦后，由于乱砍滥伐，过度放牧，加之山火不断，到 20 世纪中叶，原始森林已经荡然无存，成了林木稀疏、气候恶劣、人烟稀少、风沙肆虐的荒原沙地。新中国成立后，党中央高度重视国土绿化。1962年，为改善当地自然环境，为京津阻沙源、涵水源，建设首都北部的生态屏障，原国家林业部决定建立塞罕坝林场。半个多世纪以来，三代塞罕坝林场人以坚韧不拔的斗志和永不言败的担当，坚持植树造林，建设了百万亩人工林海。如今，塞罕坝成为守卫京津的重要生态屏障。

2017 年 8 月 28 日，学习宣传河北塞罕坝林场生态文明建设范例座谈会在京召开。时任中宣部部长刘奇葆在会上传达了习近平总书记的重要指示。他表示，塞罕坝林场建设实践是习近平总书记关于加强生态文明建设的重要战略思想的生动体现，要深刻领会习近平总书记关于加强生态文明建设的重要战略思想的丰富内涵和重大意义，总结推广塞罕坝林场建设的成功经验，大力弘扬塞罕坝精神，加强生态文明建设宣传，推动绿色发展理念深入人心，推动全社会形成绿色发展方式和生活方式，推动美丽中国建设。

二、具体做法

一代代塞罕坝人忠于使命，艰苦奋斗，久久为功，在极其恶劣的生态环境中，营造出世界上面积最大的一片人工林。这万顷林海，和河北承德、张家口等地的茂密森林连成一体，筑起一道绿色长城，成为京津冀和华北地区的风沙屏障、水源卫士。创造了高寒沙地生态建设史上的绿色奇迹，铸造了一个当之无愧的生态文明建设范例，是习近平总书记反复强调的“绿水青山就是金山银山”重要思想的生动写照。

（一）偿还生态历史欠账，创造人间绿色奇迹

塞罕坝林场是河北省林业厅直属的大型国有林场，位于河北省最北部、承德市围场满族蒙古族自治县北部坝上地区。“塞罕坝”是蒙汉合璧语，意为“美丽的高岭”。历史上，这里水草丰美、森林茂密、鸟兽繁多。公元1681年，清朝康熙皇帝设立木兰围场，作为“哨鹿设围狩猎之地”。塞罕坝是木兰围场的重要组成部分。清朝末期，国势衰微，内忧外患，为了弥补国库亏空，从19世纪60年代开始，木兰围场开围放垦，树木被大肆砍伐，加之山火不断，到20世纪50年代初期，原始森林已荡然无存。

2016年1月，习近平总书记在省部级主要领导干部学习贯彻党的十八届五中全会精神专题研讨班上强调指出：河北北部的围场，早年树海茫茫、水草丰美，但从同治年间开围放垦，致使千里松林几乎荡然无存，出现了几十万亩的荒山秃岭。这些深刻教训，我们一定要认真吸取。人类发展活动必须尊重自然、顺应自然、保护自然，否则就会遭到大自然的报复，这个规律谁也无法抗拒。人因自然而生，人与自然是一种共生关系，对自然的伤害最终会伤及人类自身。只有尊重自然规律，才能有效防止在开发利用自然上走弯路。藐视自然，违背规律，大自然的报复就如同洪水猛兽一般袭来：百年间，塞罕坝由“美丽高岭”退变为茫茫荒原。西伯利亚寒风长驱直入，推动内蒙古浑善达克等沙地沙漠南侵，风沙紧逼北京城。

浑善达克沙地与北京最近处的直线距离只有180公里，平均

海拔 1000 多米，而北京的平均海拔仅 40 多米。有人形象地打比方："如果这个离北京最近的沙源堵不住，就相当于站在屋顶上向院里扬沙子。"生态恶化，警钟骤响！造林绿化，势在必行！20 世纪 50 年代中期，毛泽东同志发出了"绿化祖国"的伟大号召。其后，林业部决定在河北北部建立大型机械林场，经过实地勘察，选址于塞罕坝。1962 年，塞罕坝林场正式组建。按照国家计划委员会批复的规划设计方案，塞罕坝林场承担四项重任：建成大片用材林基地，生产中、小径级用材；改变当地自然面貌，保持水土，为改变京津地带风沙危害创造条件；研究积累高寒地区造林和育林的经验；研究积累大型国营机械化林场经营管理的经验。那年秋天，369 名林场创业者满怀激情，从大江南北毅然走上塞北高原，承德专署农业局局长王尚海任党委书记，承德专署林业局局长刘文仕任场长。这支平均年龄不到 24 岁的队伍，拉开了塞罕坝林场建设的历史帷幕。此时，距离木兰围场开围放垦，恰好百年。

良好的自然生态系统，是亿万年间形成的，是大自然对人类的宝贵馈赠。对绿水青山，破坏和毁灭可能只在旦夕之间，恢复和重建却需要异常艰难而漫长的过程。建场初期，塞罕坝气候恶劣，沙化严重，缺食少房，偏远闭塞。"一年一场风，年始到年终。"极端最低气温达−43.3℃，年均积雪时间长达 7 个月。塞罕坝人坚持"先治坡、后置窝，先生产、后生活"，吃黑莜面、喝冰雪水、住马架子、睡地窨子，顶风冒雪，垦荒植树。他们不畏艰难，愈挫愈勇，克服了一个个困难，闯过了一道道难关。改进

“水土不服”的苏联造林机械和植苗锹，改变传统的遮阴育苗法，在高原地区首次成功实现全光育苗。1962年、1963年两次造林失败后，1964年春天开展“马蹄坑造林大会战”，造林成活率达到90%以上，提振了士气，坚定了信心。从此，塞罕坝的造林事业开足马力，最多时一年造林8万亩。

（二）一代接着一代干，撸起袖子加油干

“咬定青山不放松，立根原在破岩中。千磨万击还坚劲，任尔东西南北风。”在平均海拔1500米的塞罕坝高原上，一代代务林人顽强地扎下根来，种下一棵棵落叶松、樟子松、云杉幼苗，种下恢复绿水青山、创造美好生活的理想和信念。“美丽高岭”重现生机。在生态文明建设和京津冀协同发展大力推进的新时代，塞罕坝人进一步明确自身处于“京津冀西北部生态涵养功能区”的定位，扛起阻沙源、涵水源的政治责任。

党的十八大以来，以习近平同志为核心的党中央把生态文明建设纳入中国特色社会主义“五位一体”总体布局和“四个全面”战略布局，始终将生态文明建设放在治国理政的重要战略地位，部署频次之密，推进力度之大，取得成效之多，前所未有。塞罕坝迎来前所未有的历史机遇期，进入改革奋进的快速发展期。塞罕坝人真切地感到，自己肩上的责任更重了。

京津冀协同发展战略，进一步明确了塞罕坝所在的承德市的生态地位。在2013年2月召开的京津冀协同发展座谈会上，

习近平总书记对河北张承地区生态建设与脱贫攻坚统筹推进提出要求：建设京津冀水源涵养功能区，同步考虑解决京津周边贫困问题。2014 年早春，在习近平总书记亲自谋划和推动下，京津冀协同发展上升为重大国家战略。《京津冀协同发展规划纲要》将承德列为“京津冀西北部生态涵养功能区”。塞罕坝人认为，不能逾越生态红线的雷池，全力提高生态服务功能，保障京津冀生态安全。这是国家顶层设计对张承地区提出的功能定位，也是新时期塞罕坝人必须扛起的政治责任。

发展林业是全面建成小康社会的重要内容，是生态文明建设的重要举措。2008 年以来，每年春季习近平总书记都会参加首都义务植树活动。在植树时，他谆谆叮嘱：森林是陆地生态系统的主体和重要资源，是人类生存发展的重要生态保障。不可想象，没有森林，地球和人类会是什么样子。造林绿化是功在当代、利在千秋的事业，要一年接着一年干，一代接着一代干，撸起袖子加油干。

塞罕坝人牢记习近平总书记的殷切嘱托，植树造林敢攻坚，改革发展不停步。最近几年，林场继续增林扩绿，把土壤贫瘠和岩石裸露的石质阳坡作为绿化重点，大力实施了攻坚造林工程。2017 年，塞罕坝林场在山高坡陡、立地条件极差的硬骨头地块上完成攻坚造林 7.5 万亩。2018 年硬骨头将全部啃下，成林后将大幅提高林场森林覆盖率，达到 86% 的饱和值。千层板林场（塞罕坝林场下属 6 个分场之一）的马蹄坑营林区驹子沟，土层厚度只有薄薄的 5 厘米左右，平均坡度达到 30 度，山坡上的樟子松却长势喜人。5 年前攻坚造林种下的这一大片樟子松，三年保存率达到 99%，现在已进入快速生长期，在塞罕坝一年仅 60 多天的无霜生长期里，可长高 50 厘米左右。

正在全面推进的国有林场改革，将给塞罕坝注入新的活力。对全国 4855 个国有林场的改革和发展，习近平总书记十分重视，多次作出重要指示。2015 年 2 月，党中央、国务院印发《国有林场改革方案》，提出保护森林和生态是建设生态文明的根基，深化生态文明体制改革，健全森林与生态保护制度是首要任务。方案将国有林场的主要功能定位于保护培育森林资源、维护国家生态安全。这从根本上明确了国有林场的性质，理顺了体制机制。

（三）林场转变发展模式，护林营林再写华章

当初兴建林场时，木材生产是一个重要任务，人们只有朴素的、初步的生态意识，种树的重要目的是伐木取材，提供木材产品。现在，务林人有了更为自觉的生态文明意识和绿色发展理念，种树的主要目的是增林扩绿，提供生态产品。从朴素的生态意识到自觉的生态文明意识，这是一个重大的历史变化。

塞罕坝百万亩林海来之不易，把这片森林管护好、经营好，发挥更大的生态效益，是摆在新时代塞罕坝人面前的最大考题。近几年来，深入学习贯彻习近平新时代中国特色社会主义思想，自觉践行新发展理念，全面推进改革和发展，实现了造林保护与

生态利用的有机结合，生态效益、经济效益、社会效益大幅提升。如今，木材生产在持续减少，发展方式越来越绿。木材生产曾经是塞罕坝林场的支柱产业，近年来，林场大幅压缩木材采伐量，木材产业收入占总收入的比例持续下降。对木材收入的依赖减少，为资源的永续利用和可持续发展奠定了基础。如今，森林面积在不断增加，森林质量越来越好。塞罕坝林场的有林地面积，成为世界上面积最大的一片人工林。

（四）生态文明建设成效

随着绿色发展提速、产业转型升级，塞罕坝人更有效地保护了绿水青山，收获了金山银山，实现了生态良好、生产发展、生活改善的可喜局面。郁郁葱葱的林海，成为林场生产发展、职工生活改善、周边群众脱贫致富的“绿色银行”。

1. 巨大的生态效益。塞罕坝林场的奇迹正是“绿色富国、绿色惠民”的真实写照。塞罕坝的森林生态系统，泽被京津、造福地方，被誉为“华北的绿宝石”。塞罕坝森林覆盖率大大增加，有效阻滞了浑善达克沙地南侵。

2. 可观的经济效益。保护生态环境就是保护生产力，改善生态环境就是发展生产力。塞罕坝林场林地面积、林木总蓄积大大增加，林场森林资产总价值极高。森林碳汇有望上市“变现”。植树造林者种植碳汇林，测定可吸收的二氧化碳总量，将其在交易市场挂牌出售；碳排放单位购买二氧化碳排放量，来抵消其工业碳排放。碳汇交易，是通过市场机制实现森林生态价值补偿、减少温室气体排放的有效途径。塞罕坝的造林和营林碳汇项目，已在国家发改委备案，如实现上市交易，保守估计可收入上亿元。绿化苗木销往全国各地。近年来，各地生态环境建设力度空前加大，绿化苗木需求大增。塞罕坝林场建设了 8 万多亩绿化苗木基地，培育了云杉、樟子松、油松、落叶松等优质绿化苗木。在林场的带动下，周边地区的绿化苗木产业也迅速发展起来。

3. 显著的社会效益。塞罕坝林场助推区域发展，创造就业机会，带动群众致富，促进地方发展，推进苗木生产、生态旅游、交通运输、养殖业等产业发展，每年实现可观的社会总收入。森林旅游引来八方游客。“金莲花发映阶新，着雨清妍不染尘。”一阵夏日的太阳雨过后，塞罕坝金莲映日景区内，雾气袅袅升腾，朵朵金莲盛开，宛如仙境一般。人们纷纷举起相机，留住这旖旎风光……春天，群山抹绿，雪映杜鹃；夏天，林海滴翠，百花烂漫；秋天，赤橙黄绿，层林尽染；冬天，白雪皑皑，银装素裹……塞罕坝四季皆有美景，是摄影发烧友的天堂，是华北地区知名的森林生态旅游胜地。塞罕坝林场在保证生态安全的前提下，合理开发利用旅游资源，严格控制游客数量，已有十几年未曾批准林地转为建设用地。

三、专家点评

绿色发展是新发展理念的重要组成部分，是构建高质量现代化经济体系的必然要求。作为美丽中国画卷上一颗“绿色宝石”，塞罕坝林场的建设者们经过长期努力、接续奋斗，创造了人类生态建设史上的绿色奇迹，孕育并形成了感人至深的塞罕坝精神，用沙漠变绿洲的成功实践为全国生态文明建设探索了极为宝贵的成功经验，深刻印证并诠释了习近平生态文明思想的丰富内涵和核心要义。塞罕坝林场生态文明建设的主要亮点是：

1. 塞罕坝林场生态文明建设践行了生态兴衰与文明兴衰紧密联系的深邃历史观。

生态文明建设事关中华民族永续发展的千年大计。无论从世界还是从中华民族的文明历史看，生态环境的变化直接影响人类文明的兴衰演替，这是人类文明发展的客观规律，也是马克思主义生态观。塞罕坝的生动实践使我们有充分的理由相信，坚持节约资源和保护环境的基本国策，正确处理经济发展与生态环境保护之间的关系，完全可以走出一条人与自然和谐共生，生产发展、生活富裕、生态良好的中国特色社会主义生态文明建设新路。

2. 塞罕坝林场的生态文明建设践行了人与自然和谐共生的科学自然观。

人与自然是生命共同体。中国传统文化中的生态思想源远流长，儒家、道家、佛教中蕴含的传统生态智慧坚信天地有生生之大德，道有哺育万物生长之至善，提倡效法天地之德，要求人们树立尊重生命、爱护万物的生命伦理观。经过半个多世纪坚持不懈的努力，塞罕坝林场的林地面积和森林覆盖率得到较大提高，被赞誉为“河的源头、云的故乡、花的世界、林的海洋”。这样巨大的生态成果是对人类必须尊重自然、顺应自然、保护自然这一科学自然观的生动阐释，充分彰显了“万物各得其和以生，各得其养以成”的大道之行。

3. 塞罕坝林场的生态文明建设践行了绿水青山就是金山银山的绿色发展观。

保护生态环境就是保护生产力，改善生态环境就是发展生产力，绿水青山既是自然财富、生态财富，又是经济财富、社会财富。习近平总书记提出的“两山论”，深刻揭示了绿水青山与金山银山的辩证关系，体现了经济社会发展和生态环境保护协调、可持续的发展思想。作为“两山论”的有力印证，塞罕坝在创造生态奇迹的同时，也实现了生态效益、社会效益和经济效益的有机统一。

4. 塞罕坝林场的生态文明建设践行了良好生态环境是最普惠的民生福祉的基本民生观。

良好生态环境是最公平的公共产品，是最普惠的民生福祉。塞罕坝从一棵树到一片林海，从治荒沙到生态育林，从保生态再到林业惠民，始终诠释着我们党发展为了人民、发展依靠人民、发展成果由人民共享的执政理念。塞罕坝所创造的生态价值和精神价值为不断满足人民群众日益增长的优美生态环境需求提供了宝贵财富和精神动力。

5. 塞罕坝林场的生态文明建设践行了全社会共同建设美丽中国的全民行动观。

美丽中国是全体中国人民共同参与共同建设共同享有的伟大事业。塞罕坝的第一代创业者来自全国 18 个省（区、市），从创业初期开始，每年都有数以千计的承德老百姓上坝植树，与塞罕坝林场干部职工共同奋战。因此，塞罕坝精神是在党的领导下，塞罕坝几代务林人和广大人民群众共同铸就的，是中华民族和中国人民为尊重和保护自然展开不屈不挠英勇斗争伟大精神的生动写照。

6. 塞罕坝林场的生态文明建设践行了共谋全球生态文明建设之路的全球共赢观。

生态危机、环境危机成为全球挑战，没有哪个国家可以置身事外，独善其身。在我们这样一个 14 亿人口的大国，走出一条生产发展、生活富裕、生态良好的文明发展道路，建成富强民主文明和谐美丽的社会主义现代化强国，必将为解决人类社会发展难题作出重大贡献，也将会为全球环境治理提供成熟的中国理念、中国方案。作为全球推进生态环境保护的典范，2017 年塞罕坝荣获联合国“地球卫士奖”。塞罕坝为中国生态建设提供的经验和为应对气候变化、构建人类命运共同体贡献的中国智慧弥足珍贵。

美丽乡村是“美丽经济”

——浙江省舟山市定海区美丽乡村建设

我在浙江工作时说“绿水青山就是金山银山”，这话是大实话，现在越来越多的人理解了这个观点，这就是科学发展、可持续发展，我们就要奔着这个做。

城市森林建设优化人居和谐。图为浙江省衢州市森林城市建设打造市民休闲游憩的场所。

一、背景导读

2015 年 5 月 26 日，习近平总书记在浙江定海区新建社区调研时指出，全国很多地方都在建设美丽乡村，一部分是吸收了浙江的经验。浙江山清水秀，当年开展“千村示范、万村整治”确实抓得早，有前瞻性。希望浙江再接再厉，继续走在前面。

当听说这里正在规划建设绿色生态旅游景区，习近平总书记提道：这很好。我在浙江工作时说“绿水青山就是金山银山”，这话是大实话，现在越来越多的人理解了这个观点，这就是科学发展、可持续发展，我们就要奔着这个做。

在以开办农家乐为主业的村民袁其忠家里，习近平总书记察看院落、客厅、餐厅，同一家人算客流账、收入账，随后同一家人和村民代表围坐一起促膝交谈。大家争着向总书记介绍，他们利用自然优势发展乡村旅游等特色产业，收入普遍比过去明显增加、日子越过越好。习近平提道：这里是一个天然大氧吧，是“美丽经济”，印证了绿水青山就是金山银山的道理。

二、具体做法

定海区位于舟山本岛西部，是浙江美丽乡村蓝图上典型的海岛特色农村建设“基地”。定海区以浙江舟山群岛新区建设为统揽，认真贯彻落实中央、省、市农村工作会议精神，以美丽海岛建设为载体，全面拉开了“科学规划布局美、村容整洁环境美、增效增收生活美、乡风文明素质美、社会发展和谐美”的“五美”乡村建设序幕。围绕海岛兴村的特色挖掘、乡村活力的长线经营和乡村致富的创新探索三条主线，定海蜕变一新，富裕、文明、和谐、秀美的海岛风情新农村初具雏形。定海区积极践行“美丽中国要靠美丽乡村打基础”和“绿水青山就是金山银山”的论断，着眼城乡统筹和一体化目标，通过历史文化村落保护利用、美丽风景示范线建设、农村生活垃圾分类收集等重点工作，加快推进美丽乡村建设。

（一）推进渔村生态环境治理

从舟山跨海大桥双桥收费站出发，一路经双桥街道紫微社区，小沙街道光华社区、东风村，沿鸭东线至马北线经马岙街道，再沿定马复线至疏港公路，到达干览镇新建社区，这条美丽海岛示范线沿线绿化带种了新木姜子、普陀樟、红叶石楠、罗汉松等树种，还配以常绿灌木，即便是秋冬季节，整条公路依然呈现生机盎然的景象。定海区以造绿为主线推进渔村生态环境治理，实施森林抚育和平原绿化，并以舟山跨海大桥为起点，选取双桥、小沙、干览、马岙等镇（街道）的特色区块重点推进绿化亮化工程，初步形成了美丽海岛生态景观带，通过以点串线，由线及面，实现“处处皆风景”。定海区还以镇（街道）为单位，选取生态景观带沿线村口，探索建设“主题式”美丽村口，有机融入石材牌坊、地标广场、白墙青瓦等元素，提升整体景观形象。

为了进一步改善渔村生态环境，建设宜居新农村，盐仓街道叉河社区和马岙街道试点推进农村生活垃圾分类收集处理工程，形成了农村生活垃圾减量化、资源化、无害化处理工作的定海模式。同时，定海区还开展了以造绿为主线的渔村生态环境治理，并以治水为依托抓好农渔村水环境治理，使渔村面貌焕然一新。

（二）因地制宜推进社区建设

2016年以来，定海区按照错位发展的建设理念，依托各镇（街道）、社区、村山水、人文、特色果蔬等资源，因地制宜推进美丽海岛精品社区、特色社区创建，开展美丽海岛社区创建，创建精品社区、特色社区，成功塑造了“中国海岛第一村”马岙、“花果白泉”“休闲双桥”“活力盐仓”等一批美丽乡村品牌，并在区域内外形成了一定的品牌吸引力，“一村一品一特色”的建设格局逐步形成。

定海启动了多个美丽海岛社区创建，重在挖掘海岛社区自身的优势，进一步实现“科学规划布局美，村容整洁环境美，增效增收生活美，乡风文明素质美，社会发展和谐美”的目标。围绕国际旅游度假区建设，将历史文化、名人文化、非遗文化资源与现代海洋旅游业紧密结合，重点打造了舟山名人馆、东海大峡谷等核心旅游景区，同时启动了定海海上历史文化名城核心街区保护开发等重点项目。

（三）打造海洋历史文化名城

定海区是一座山海相间的海洋历史文化名城。悠久的文化，成为定海人建设美丽乡村的根基。他们一边保护绿水青山，一边传承弘扬海岛文明，围绕农耕文化、渔作文化、民俗文化的“一村一色”“一堂一品”系列农村文化品牌正在形成。在打造美丽风景示范线建设的同时，定海区还积极保护开发海岛古村落，充分利用区域内古村落资源，围绕宜居、宜业、宜游三大功能，充分挖掘柳行村、紫微村、光华村等8个省级历史文化村落保护利用村的古文化资源。目前，紫微村已打造成为木偶戏“民间艺术之乡”，柳行古街被打造成为金塘“高、精、特”融展示、体验、休闲、观赏、美食、茶舍、高端会馆、商铺、购物于一体的海洋文化民俗第一巷。与此同时，他们深入挖掘定海的农耕文化、渔俗文化等非物质文化遗产，除了开发“渔俗之忆”，建设反映非遗海洋文化类主题馆外，还立足“演艺之花”，打造非遗演艺文化类主题馆。定海打造了一批海岛特色文化基地，包括艺术家景观园、大型船组实景和群岛美术馆等，培育和传播特色文化。渔船博物馆陈列了不同时期的舟山人使用的木质渔船，让游客更好地了解舟山海洋文化发展的历史进程以及渔船变迁；群岛美术馆用于展览各类渔民画，让社区群众和游客更好的体验和感受海岛文化。

（四）完善海岛特色村镇体系

在美丽海岛建设中，定海区以城乡一体化为导向，发挥规划引导作用。编制完成《定海区村庄布点规划》《定海区美丽海岛建设总体规划》及各乡镇中心区控制性详细规划等。以农房改造集聚建设为抓手，按照“集聚区集中联建，保留区集聚整合，控制区原地修建，禁建区异地新建”的思路，通过村庄整理、经济补偿、易地搬迁等途径，推进自然村落整合和农居点集聚，促使定海区农渔民向新市镇、中心村集聚。以人口集中、产业集聚、土地集约、功能集成为导向，定海区农村住宅布局突出规划引领，各乡镇范围确定住房禁建区、控制区、保留区、集聚区和特色保护区，明确各区域住房的建设控制政策，尤其是在绿水青山区域设置了较严格的控制措施。新建社区、紫微社区等一批旅游特色村的打造，不但达到改善居住环境目的，还保留了青山绿水的原始风貌。

定海区还根据《浙江省美丽乡村实施计划》，制定定海区美丽海岛建设五年行动计划，全面深化美丽海岛建设，实现空间优化布局美、生态宜居环境美、乡村特色风貌美、业新民富生活美、人文和谐风尚美、改革引领发展美的美丽乡村美景。

三、专家点评

定海区委、区政府深刻把握“绿水青山就是金山银山”的重要论述，强化责任，心无旁骛，注重经济、生态、文化的有机融合，加大具有海洋历史文化名城特色的现代化海上花园建设，把美丽海岛转化为“美丽经济”。美丽乡村建设的主要亮点是：

1. 产业兴旺，乡村发展提质增效。

定海区以舟山国家远洋渔业基地为依托，精选基地第一二三产项目重点打造，形成定海区第一二三产融合先导区，打造定海区第一二三产协调发展的样板。同时不断助推“互联网 +”“旅游 +”“农渔业 +”经济发展，推进农渔产品生产、加工、销售与旅游、健康、海洋文化等产业融合，形成产业链条完整、布局合理、功能多样、业态丰富、利益联结紧密的发展新格局。此外，定海区还启动了省级高品质绿色科技示范基地建设，创建省级水稻高产千亩示范片、玉米百亩示范片；创建“机器换人”示范乡镇、示范基地；完成定海山公共品牌宣传 LOGO 设计，新增定海山系列农产品包装，进一步打响本地农业品牌。

2. 一村一品，美丽乡村展风情。

盐仓街道叉河村是省级美丽宜居示范村，该村进行了农房外墙粉刷和修缮、山体覆绿等一系列项目建设；马岙街道马岙村依托海上河姆渡历史文化，打造乡村旅游精品线路，发展品牌民宿……定海以全域美为要求，按照洁净乡村、美丽乡村、风情乡村三个层次全域打造美丽乡村升级版，完成风情乡村建设、美丽乡村建设，洁净乡村全覆盖，并实施小公园建设、村道硬化绿化、墙体粉刷等项目，全面提升了农渔村环境面貌。

坚持一张蓝图绘到底

——浙江省开化县“多规合一”试点

积极推进市、县规划体制改革，探索能够实现“多规合一”的方式方法，实现一个市县一本规划、一张蓝图。

浙江省之江沿岸村庄

一、背景导读

早在2003年和2006年，时任浙江省委书记的习近平就曾先后两次来到开化县，“绿水青山就是金山银山”这一科学论断为开化发展指明了方向。2003年7月，习近平第一次来到开化县考察。在观看了反映县情的专题片之后，习近平说，开化在全国率先实施了“生态立县”发展战略，并取得了明显成效。后在考察位于钱塘江源头的钱江源国家森林公园时，习近平指出，这里是浙江的重要生态屏障，在生态省建设中具有特殊的重要地位，必须保护好这一方山水。2006年8月16日，习近平再度深入开化，来到华埠镇金星村考察。习近平对开化优美的生态环境给予了高度评价，鼓励开化人民要画好山水画，要照着“绿水青山就是金山银山”的这条路走下去。

2016 年 2 月 23 日，习近平总书记主持召开中央全面深化改革领导小组第二十一次会议并发表重要讲话。会议听取了浙江省开化县关于“多规合一”试点情况汇报。当听到开化坚持生态立县不动摇，坚持一张蓝图绘到底，坚持走“绿水青山就是金山银山”的发展路子，甩掉了“欠发达”，实现了绿、富、美，实现了“人人有事做，家家有收入”，总书记频频点头深感欣慰；当收到开化人民的盛情邀请，习近平总书记满脸笑容并充满深情地表示：开化是个好地方，我还是要回去看看的，请代我向基层的同志们问好！向开化的父老乡亲问好！

二、具体做法

在开化“多规合一”工作的探索中，一些改革做法已初见成效，接下来开化将全面转入试点工作实施阶段，通过践行“规划体系、空间布局、基础数据、技术标准、信息平台和管理机制六统一”的改革目标，走出一条切实可行的试点道路，为浙江省及全国“多规合一”工作提供可复制、可推广的经验和模式。

“多规合一”是指以国民经济和社会发展规划为依据，强化城乡建设、土地利用、环境保护、文物保护、林地保护、综合交通、水资源、文化旅游、社会事业等各类规划的衔接，确保“多规”确定的保护性空间、开发边界、城市规模等重要空间参数一致，并在统一的空间信息平台上建立控制线体系，以实现优化空间布局、有效配置土地资源、提高政府空间管控水平和治理能力的目标。“多规合一”并非只搞一个规划，而是以理顺各类规划空间管理职能为主旨，以在有坐标的一张图上叠加融合各类、各专业、各行业规划的空间信息为路径，实现各类规划衔接一致。

作为全国28个“多规合一”试点市县之一，开化县紧密结合“十三五”规划编制，按照形成一本总规、一张总图和一套体系的试点思路，着力构建统一衔接的规划体系、空间布局、基础数据、技术标准、信息平台和管理机制。开化把“三改一拆”与产业转型升级、美丽乡村建设、土地开发利用等有机结合起来。

（一）理顺规划体系

浙江是资源小省、经济大省，在可利用土地上的人口密度很大。因此，落实好中央部署的空间规划试点这一重大战略，对于浙江省实现可持续发展、推动生态文明建设具有十分重要的意义。而开化试点的成功经验将对省级空间规划试点，具有很好的借鉴作用。

针对县域原有规划数量多、定位不清、功能重叠、体系不全等问题，统筹构建“1+3+X”规划体系。“1”是组织编制统领性、综合性、空间管制性的《开化县发展总体规划》，作为县域顶层规划。“3”是以发展总体规划为指引，推进县域城乡、土地利用和环境功能区三大空间规划的内容调整和衔接。“X”是有效缩减专项规划数量，避免规划内容重复、空间重叠，原则上一个领域编制一个规划，一般行业考虑编制操作性强的实施方案或行动方案。

《开化县发展总体规划》是开化“多规合一”试点工作的主要成果。主要作用体现在确立了绿色可持续的发展理念，提升了政府的空间治理能力，实现了开化县域管控精准化，确保了产业项目精准选址、高效落地，增强了协调统筹、协同管控能力，建立了权威高效的项目审批机制等方面。空间规划有机整合了县域总体规划、土地利用总体规划、环境功能区划等总体层面的规划，实现了“一本规划管到底”，有效避免了项目落地难等问题，极大提升了政府的空间治理能力。

（二）制定空间布局蓝图

发展总体规划提出空间战略导向、规划布局、空间结构、功能定位、管控指标等，科学布局城镇、农业、生态三个空间，重点包括城镇体系和农村居民点布局、农业与生态空间布局、重点产业平台布局、基础设施建设布局等，形成“一张总图”，有效提高了县域空间发展的协调性和可持续性。县域城乡规划重点统筹城乡居民点布局，细化落实总体规划确定的有关开发建设指标，细分城镇发展空间的具体功能布局。土地利用规划重点明确农业生产空间的具体用地分类与布局，细化落实基本农田保有量等指标。环境功能区规划重点细化生态保护空间的保护和管制要求，并对城镇建设空间和农业生产空间提出环境保护和准入管控要求，细化落实总体规划提出的各类环境指标。

开化在全国率先提出“生态立县”发展战略。在这个大前提下，践行多规合一，编制完成了《开化县空间规划（2016—2030年）》，科学划定“三区三线”，即城镇开发边界、永久基本农田红线和生态保护红线三条控制线，以及城镇、农业和生态三类空间。开化县按照主体功能区规划核心理念，对开化县域开展资源环境承载能力和国土开发适宜性评价，结合人口变动趋势和经济社会发展需求，科学判断哪些区块需要严格保护、哪些区块适宜农业生产、哪些区块可供城镇建设，科学确定最需要保护和最适宜开发的区域。

开化县在综合评价的基础上，一是按照“先底后图”的思路，将需要严格保护的区域优先划入生态保护红线，并从构建生态安全格局的角度科学划定生态空间；二是将集中连片、耕作条件较好的农田划入永久基本农田红线，并在红线外围为农业生产和农民生活留出农业空间；三是按照“从严从紧”原则，结合城镇布局要求和空间开发强度的科学测算，划定城镇开发边界。并在边界外为未来城镇发展预留可拓展建设的“白地”，共同作为城镇空间。

至此，形成覆盖全域的生态、农业、城镇空间的三大空间，继而叠加生态保护红线、永久基本农田红线及城镇开发边界三条控制线，形成“六类分区”。

与此同时，开化县以空间规划底图为本底，按照“先网络层、后应用层”的次序，依次叠入涉及国土空间开发的各类空间要素。第一步，叠入重大基础设施层；第二步，叠入城镇建设层；第三步，叠入乡村发展层；第四步，叠入生态保护层；第五步，叠入产业发展层；第六步，叠入公共服务层，最终形成开化县域的综合用地规划图，即“一张蓝图”得以形成，探索形成了可供复制借鉴的“开化模式”。

（三）统一基础数据

着力解决县域各类规划在基础数据、统计口径、战略导向、发展目标及工作底图等诸多方面不统一的矛盾，重点考虑空间数据和基本数据的融合统一。兼顾平衡各规划主管部门职责功能，形成共同认可的核心目标及指标，包括经济转型、空间集约、生态建设和社会发展方面，并重点就人口规模、建设用地、城镇化水平等指标，协调统计口径和预测数值，形成一套统一的基础数据。其中，空间数据主要包括城乡建设用地规划、森林覆盖率和耕地保有量等，分别由规划、林业和国土等部门协调确定；基本数据包括人口、城镇化水平、环境容量、经济规模等，由卫计、住建、环保和发改等部门协调确定。制定的统一基础数据在公共信息主平台上发布，供各专项规划编制时使用。同时，兼顾平衡各规划主管部门职责功能，形成共同认可的核心目标及指标，重点明确建设用地规模、开发强度、生态红线面积、人口规模、居民收入等主要指标目标值。

（四）对接技术标准

针对各个规划期限不匹配的问题，将发展总体规划的期限确定为2016—2030年，重点突出到2030年的主要目标和空间布局及“十三五”的重点任务，以此作为衔接各类规划目标任务的时间节点，同时对已经编制或正在修编的环境功能区规划、县域总体规划、土地利用规划及其他重大专项规划的空间布局期限均展望至2030年。

全面梳理各类规划在空间用地布局上的差异，重点以城规和土规为主开展建设用地地块对比，在确保总量控制的前提下，确定地块差异协调原则和策略，提出分类处理建议，对处理情况逐一建档，最终实现“多规”图层叠合。

开化县运用2000国家大地坐标系统一各类基础数据，统一了空间规划用地分类标准，以“三区三线”整合替代了原有的多个相互重叠交叉的空间管制分区，并形成了开发强度测算、三类空间划定、空间管控、用地分类标准、基础信息平台建设等技术规程，为复制推广奠定了坚实基础。

（五）建立公共信息平台

结合开化县数字城市建设，按照“提升已有、创建未有、链接所有”的要求，建设由一个公共信息主平台和多部门子平台构成的规划公共管理信息平台。其中，公共信息主平台已于2016年5月在开化县规划局初步建成，其部门子平台设计有主平台基础数据的访问接口和自身规划业务子数据库，能实时将规划编制审批、项目选址、土地报批、环评等信息录入数据库供其他部门调用。同时，拟以此为契机深化行政审批制度改革，大幅减少审批环节，压缩审批时限，实现“报得快、审得快、批得出”。

一个投资项目的审批通过需要符合城市的各类规划要求，在传统时代，这需要一次又一次的单项认同叠加，不仅费时费力，偶尔还会遇到不同规划之间数据“打架”的复杂情况。开化的全国第一个可以实现投资项目预审与并联审批一体化的空间规划信息管理平台，是开化试行“多规合一”的重要成果。在“大数据”时代真正有望实现“云规划”。形象地说，这个系统是一个集成了各类规划数据、专题核心数据和基础数据的“大脑”。只要将项目红线导入系统，这个“大脑”就将在复杂的多维坐标中迅速作出判断，通过运算找出项目红线与规划冲突的地块，并将结果以列表和图文的形式展示给用户，达到辅助项目落地决策的目的。开化县的这个“多规合一”信息平台审批板块，实现了“一站式窗口受理、多部门并联审批、全程监管”等功能，规避了以往业务需多部门交申请、送资料，串联审批低效率的短板，大大提高了审批效率。

专家点评

开化县的试点探索符合中央生态文明体制改革的总体方向和以主体功能区规划为基础推进“多规合一”的部署要求，取得了实质性突破，形成的一本规划、一张蓝图、一套规程、一个平台和一套体制等成果，具有科学性、创新性和可操作性，为其他地区开展“多规合一”工作提供了很好的实践案例。开化县“多规合一”试点的主要亮点是：

1.“生态＋规划”，坚持“一张蓝图绘到底”。

各类规划对空间分区划定方式和标准不同，如土地利用总体规划将空间划分为允许建设区、有条件建设区、限制建设区、禁止建设区，而环境功能区将空间划分为聚居环境维护区、农产品环境保障区、生态功能保障区、自然生态红线区，各类规划对空间管控的范围、基础数据、图纸坐标系等均不相同，且各类规划的工作平台也完全不同，因此空间规划体系间经常“打架”。开化通过形成一张空间布局蓝图，科学布局城镇发展、农业生产、生态保护三大空间，指引县域空间统一科学开发。开化县将会陆续开展国家主体功能区建设试点、国家公园体制试点、国家生态

保护与建设示范区以及国家生态旅游示范区等国家级试点工作，将开化县作为一个大公园来规划、建设和管理，真正为开化走上生态富民、绿色发展、科学跨越的发展路上奠定基础。

2. 着力推动政府职能转变，提升政府空间治理能力。

一是能够加快推动县域规划体制改革。“多规合一”必将打破现有的规划管理体制及规划编制审批层级制度，提高各类规划编制的针对性和有效性，加强规划审批及管理的效率。开化结合“数字开化”地理空间框架项目建设，将建立一个由主平台和多部子平台构成的规划信息管理平台，全面应用衢州市统一中央子午线的2000国家大地坐标系，提供统一的基础数据地理信息数据库、统一的规划编制平台和统一的规划信息查询审批平台。

二是能够有效促进县域新型城镇化发展。当前，推进新型城镇化、加快城乡一体化已是发展常态，开化通过“多规合一”引领，建立多规融合信息平台，以中心城区极化辐射为带动，因地制宜，科学实施，有序推进，努力形成以工促农、以城带乡、工农互惠、产城融合、城乡一体的新型城乡关系，并通过建立“多规合一”的规划体系，解决整体利益与局部利益的矛盾、长远利益与短期利益的矛盾，从而合理进行资源配置，提高城乡资源利用效率，优化城乡二元结构统筹发展体系。

三是能为全国提供可复制、可推广的经验和模式。在开化“多规合一”工作的探索中，一些改革做法已初见成效。接下来，开化将全面转入试点工作实施阶段，通过践行“规划体系、空间布局、基础数据、技术标准、信息平台和管理机制六统一”的改革目标，走出一条切实可行的试点道路，为浙江省及全国“多规合一”工作提供可复制、可推广的经验和模式。

生态文明也要上台阶

——江苏省镇江市低碳城市建设管理

保护生态环境、提高生态文明水平，是转方式、调结构、上台阶的重要内容。经济要上台阶，生态文明也要上台阶。我们要下定决心，实现我们对人民的承诺。

加强森林城市建设，改善人居环境。图为江苏省盐城市市民在贯通城乡的森林绿道上骑行休闲。

一、背景导读

镇江地处苏南，下辖丹阳、句容、扬中 3 个市和丹徒、京口、润州 3 个区以及镇江新区、“三山”风景区。镇江具有 3500 多年文明史，是吴文化的发祥地之一，是国家历史文化名城。镇江是国家级的运输枢纽，长江与京杭大运河在此交汇，京沪高铁、宁杭高铁、沪宁城铁等铁路和沪宁、宁杭、沿江等高速公路穿境而过。镇江拥有一个通用机场，周边 5 个机场均在 1 小时车程内。镇江是“全国工业绿色转型发展试点城市”（华东地区唯一，全国仅有 11 个城市）、“全国文明城市”“国家卫生城市”“国家环保模范城市”“国家首批生态文明先行示范区”“国家森林城市”“国家园林城市”“中国优秀旅游城市”“全国社会治安综合治理优秀地市”和“全国创业先进城市”等称号。低碳生态是镇江最大的特色和优势。经过多年的努力，低碳生态已经成为镇江最具核心竞争力和品牌影响力的发展优势。

2012 年 11 月 26 日，镇江市被国家发改委列为全国第二批低碳试点城市。镇江紧紧围绕“强基础、抓示范、明路径、争政策、造氛围、优考核”的工作思路，扎实推进低碳城市建设，取得显著成效，实现了经济持续发展和碳排放强度逐年下降的双赢。

2014 年 12 月 13 日，习近平总书记听取了镇江市低碳城市建设管理工作汇报，观看了他们开发的低碳城市建设管理云平台演示。

二、具体做法

（一）建设“碳平台”并不断优化完善

围绕实现 2020 年碳排放达峰目标，构建完善的城市碳管理体系，摸清镇江市碳家底。依托“碳平台”的技术支撑，指导产业碳转型、开展项目碳评估、实施区域碳考核、管理企业碳资产。

研究碳峰值。开发碳峰值及路径研究系统，包含了峰值测算、路径分析和行动举措三大部分。通过对历史数据的提取、收集、整理，对基准情景、强减排情景、产业结构强减排、能源结构强减排等四种情景进行研究，提出在2020年达到碳峰值的目标和实现路径，并在《关于推进生态文明建设综合改革的实施意见》中明确峰值目标，形成了镇江低碳发展的倒逼机制。

实施项目碳评估。通过测算项目的碳排放总量、碳排放强度以及降碳量等指标，综合考虑能源、环境、经济、社会等领域的影响因素，设立了关键性指标，科学确定指标权重，建立评估指标体系，从低碳的角度综合评价项目的合理性和先进性。设置红黄绿灯，红灯否决、黄灯碳补偿、绿灯放行。自2014年实施后两年时间，碳评估工作成效显著。

实施区域碳考核。发挥考核指挥棒的导向作用，综合考虑人口、产业结构、能源结构、GDP和主体功能区单位等因素，兼顾各地的历史排放量和实际减排能力，研究制定了镇江市及辖市区差异化的年度碳排放总量和强度目标任务，以县域为单位实施碳排放总量和强度的双控考核，考核结果纳入年度党政目标绩效管理体系。2015年，镇江市及辖市区碳排放“双控”考核均超额完成预期目标。

实施企业碳资产管理。对占镇江市工业碳排放80%左右的重点碳排放企业实施煤、电、油、气消耗及工业生产过程碳排放的在线监控和企业碳资产管理。通过为企业搭建碳资产管理系统，一方面，帮助企业有效开展碳直报工作，和省直报系统实现对接，实现数据共享；另一方面，通过对电、煤、油、气等能源消耗的在线监测，引导企业实施节能降碳精细化管理。

建立碳排放统计直报制度。根据国家发改委已发布的14个行业温室气体排放核算方法和报告指南、省级温室气体碳排放清单指南办法，镇江市经过调研并充分征求相关部门和科研机构专家意见的基础上，制定了部门和企业两个层面的碳统计方法与制度。

（二）扎实推进低碳九大行动

制定了《镇江低碳城市建设工作计划》，全面实施优化空间布局、发展低碳产业、构建低碳生产模式、碳汇建设、低碳建筑、低碳能源、低碳交通、低碳能力建设、构建低碳生活方式等九大行动，并细化落实到具体项目，全部扎实推进。

（三）打造全国首朵"生态云"

在碳平台的基础上，建设镇江市生态文明建设管理与服务云平台（以下简称"生态云"）。通过大数据整合，全面直观地反映镇江的生态资源和环境承载，为民众提供生态资讯、为企业搭建节能减排降碳平台、为政府决策提供科学依据。制定了"生态云"建设和推进方案，召开了多场专家咨询会，根据国家相关部委和省市相关部门领导、专家意见，制定了顶层设计方案。"生态云"

一期工程已于 2015 年 12 月 30 日正式上线，完成了“五大中心”及“一核六面”功能模块的研发，整合对接了 9 个系统，实现了大气、水、噪声、重点污染源、大型公建、垃圾处理、古运河整治、给排水、涵洞水位、重点能耗企业等功能模块的在线监测。

（四）广泛开展低碳试点示范

在工业和交通运输企业、景区、机关、学校、小区、村庄等碳排放及碳汇建设的领域开展低碳试点工作，在低碳产业、低碳生产模式、碳汇建设、低碳建筑、低碳能源、低碳交通、低碳能力建设等 7 大领域重点推进低碳示范项目。

（五）构建低碳绿色政绩考核体系

科学调整调优国民经济和社会发展指标体系。增加战略性新兴产业收入占比、落后产能淘汰率、空气质量、城镇绿化覆盖率等生态指标，加大服务业、文化产业、单位 GDP 能耗、污染排放等指标权重。按照主体功能区规划和不同地域的发展定位，探索建立分类考核机制，通过科学设定评价内容，逐级建立评价指标，着重突出绿色 GDP 概念，发挥生态绿色低碳的导向和支撑作用。

（六）探索建立低碳生态补偿机制

在镇江市级财政设立低碳生态补偿专项基金，用于支持主体功能区中生态红线控制区的低碳生态补偿、污染土壤修复、生态产业园建设。建立水源地生态补偿机制。在环境问题相对集中的园区、行业和污染损害较易鉴定和评估的企业，开展污染责任保险试点。逐步建立包括碳排放的排污权交易中心。在镇江市树立碳有价、碳补偿的理念，促进企业未雨绸缪，主动减排。除了镇江市专项基金，各辖市区也相应设立本级的低碳生态补偿资金池，有效调节了生态保护利益相关者之间的利益关系。

（七）创新低碳发展市场化模式

创新低碳投融资机制。探索设立绿色低碳基金，创新基金的引导和扶持模式，撬动更多社会资本进入绿色发展市场。优化绿色低碳发展融资环境，构建多层次、多功能的绿色低碳金融服务体系，促进金融与绿色发展深度融合，推动江苏银行等金融机构开展运营“光伏贷”“经信贷”“节能贷”等。

三、专家点评

镇江市确立“生态领先、特色发展”的战略路径，把低碳城市建设作为推进现代化建设、建设国家生态文明先行示范区的战略举措。镇江市低碳发展的主要亮点是：

1. 以产业发展实行“负面清单，倒逼探索低碳发展新路径”。

低碳发展是现代化进程中的一场革命，需要有“置死地而后生”的勇气。镇江市在全国率先提出 2020 年左右实现碳排放峰值，这一目标比全国提前了 10 年。围绕“率先达峰”的目标，镇江市研究确定并严格落实产业发展“负面清单”，大力实施碳排放预算管理制度，建立健全评估、考核等配套措施，扎实抓好产业升级、节能减排等关键环节，形成了强有力的低碳发展倒逼机制。自 2013 年以来，镇江综合运用云计算、物联网、智能分析（BI）、地理信息系统（GIS）等先进的信息化技术，在全国首创开发运营碳平台。2015 年，在碳平台的基础上打造上线全国第一朵“生态云”。以碳平台、“生态云”为核心，加大力度抓好资源整合，着力提升数据分析比对、综合研判和实践转化能力；以碳排放达峰路径探索、碳评估导向效能提升、碳考核指挥棒作用发挥、碳资产管理成效增强为重点，深入推进产业碳转型、项目碳评估、区域碳考核、企业碳管理，着力打造镇江市低碳建设的突出亮点和优势品牌，为低碳发展探索了路径。

2. 通过制度创新创造低碳发展高效益。

围绕“源头严防、过程严管、后果严惩”完善创新低碳发展制度。一是全面落实并刚性执行主体功能区制度，有效遏制无序开发、重复分散、浪费资源等问题。二是坚持以市场化机制推进低碳建设，推动碳排放权交易、设立低碳发展基金、发展“低碳互联网 +”、实施合同能源管理。三是积极稳妥探索低碳发展地方立法，坚持立法引领和执法规范双管齐下，加强重点领域、重点行业、重点企业的碳排放管理，保障低碳城市建设在法治化轨道上运行。围绕新能源、新技术应用、高端装备制造、新材料、智慧城市建设等，积极谋划推进一批碳减排潜力大、投资强度高、带动效益好的典型样板工程，以点带面放大示范效应、促进整体提升。与此同时，建设低碳城市从注重抓好与群众生活密切相关的低碳交通、低碳建筑、低碳生活等低碳行动入手，不断提升群众获得感和满意度，调动市民参与低碳城市建设的积极性和主动性。

在发展中要坚决守住生态红线

——陕西省延安市黄土高原生态治理的实践

推动陕甘宁革命老区发展，必须结合自然条件和资源分布，科学谋划、合理规划，在发展中要坚决守住生态红线，让天高云淡、草木成荫、牛羊成群始终成为黄土高原的特色风景。

延安退耕还林 20 载造就绿色奇迹。图为延安市宜川县马树坪村的花椒产业。

一、背景导读

延安位于陕西省北部，地处黄河中游，属黄土高原丘陵沟壑区。春季，大风从坡上刮过，黄沙遮天蔽日，数日不止。一场波澜壮阔的“绿色革命”，在这块红色圣土上开始了。1999 年，延安率先开始全面实施退耕还林工程、天然林保护工程，持续开展以“三北”工程为主的身边重点区域绿化，创建“国家森林城市”。2009 年 11 月 13 日，习近平同志在延安调研时与延安市乡村干部代表进行了座谈，他指出：延安要牢固树立建设生态文明的理念，在巩固已有退耕还林成果的基础上，大力推进植树造林，严格实行封山禁牧，不断提高森林覆盖率，努力实现人的发展与生态环境保护的良性循环。陕西省延安市认真贯彻习近平同志重要指示精神，系统推进生态治理，在巩固1999年以来退耕还林成果的基础上，大力开展黄土高原生态系统保护和修复工程，坚持一张蓝图绘到底、一任接着一任干，延安山川大地逐步实现了由黄变绿的历史性转变，走出一条生态治理与经济发展双赢的成功道路，生动诠释了“绿水青山就是金山银山”的理念。

二、具体做法

延安市坚持生态治理和发展经济双驱动。延安人民践行习近平总书记“绿水青山就是金山银山”发展理念，以退耕还林为主的生态文明建设，带动了延安经济社会的全面发展。

（一）顺应自然，坚持退耕还林不动摇

由于乱砍滥伐和过度放牧，延安一度陷入“越垦越穷，越穷越垦和越牧越荒，越荒越牧”的恶性循环。20世纪90年代末，在广泛深入调查研究，认真总结历史经验教训的基础上，延安干部群众深刻认识到要改变贫困落后面貌，必须走出一条在经济建设中恢复生态，在生态恢复中发展经济的可持续发展之路。1999

年国家退耕还林政策出台后，延安市果断做出封山禁牧，大力发展舍饲养畜的决定，在延安市范围内严格推行封山禁牧，扶持农民建设圈舍，人工种草和饲草加工，积极调整畜群和品种结构，大力发展以养猪为主的规模化标准化养殖业，同时促进生态自然修复，遵循“三先退”（25° 以上的坡耕地先退，人均达到 2.5 亩基本农田的地方先退，致富产业形成规模效益的地方先退）原则，统一规划梁、峁、沟、坡、洼，综合治理山、水、田、林、路，坚持造林和种草结合、人工营造和自然封育结合，因地制宜、分类指导，不断提高综合治理程度和水土保持能力。

2008 年起，随着国家巩固退耕还林成果政策的出台，延安又实施了《创建全国退耕还林试验示范基地规划纲要》，明确了封育保护、林分结构调整、基本农田建设、产业培植、精品示范流域和生态文化村建设、城镇绿化、退耕还林效益监测等八个方面的工作。

自 1999 年以来，延安市通过生态治理，卫星遥感图清晰显示退耕还林区域的颜色明显变绿变深。生态治理成效逐年迈上新台阶，山川大地实现由黄变绿的历史嬗变。

（二）深化改革，坚持发展经济不懈怠

按照“一县一业、一村一品”的思路，积极推进经济结构调整，大力发展林果、草畜、棚栽等特色主导产业，并在政策和资金上给予扶持，实现生产方式由以粮为主向发展特色主导产业转

变，由一家一户的单打独斗、粗放式经营向规模化种植、标准化生产、集约化经营的产业化方向转变。延安市推动农村经济逐步向设施农业、高效农业和现代化转变，农业产业结构实现由低质向高效优化升级。目前，经济林果、棚栽、舍饲养殖已成为延安的三大农业主导产业。同时，依托森林资源优势，大力发展油用牡丹、药材、食用菌种植和林下养殖产业。深化农村土地改革，开展“三变”改革试点，安塞县南沟村、黄陵县索洛湾村改革经验受到各级关注，贫困人口和贫困发生率持续下降。

三、专家点评

延安地处黄土高原丘陵沟壑地区，降雨量小，生态治理难度非常大。陕西省延安市认真贯彻习近平同志重要指示精神，系统推进生态治理，在巩固 1999 年以来退耕还林成果的基础上，大力开展黄土高原生态系统保护和修复工程，坚持一张蓝图绘到底，走出一条生态治理与经济发展双赢的成功道路。

1. 延安生态治理是贯彻习近平生态文明思想的成功实践。

陕西省延安市始终牢记习近平同志嘱托，把治理黄土高原生态环境放在“关系全国生态环境大格局”下思考，在生态环境保护建设上，树立大局观、长远观、整体观，坚持保护优先，坚持节约资源和保护环境的基本国策，像保护眼睛一样保护生态环境，像对待生命一样对待生态环境，守住发展和生态两条底线，正确处理发展和生态环境保护的关系。大力发扬延安精神，不等不靠，用改天斗地的勇气和决心开展退耕还林，各级政府积极筹措资金购买苗木，广大人民群众自力更生、艰苦奋斗，克服重重困难，集中人力物力，开展了大规模植树造林活动。目前，延安基本实现了陡坡不再耕种、全部退耕还林的目标，生态环境显著改善。如今的延安已成为绵延的青山绿水、满目林海。

2. 延安生态治理是贫困地区脱贫致富的成功范例。

延安市生态建设正确处理了国家利益和群众个人利益之间的关系，生动诠释了“绿水青山就是金山银山”的理念。在大面积退耕还林过程中，积极引导农民在退耕地上大量栽植苹果、酥梨、板栗、红枣、核桃、花椒和仁用杏等经济林或者经济生态兼用型树种，提高退耕农户经济收益。经过多年的努力，农村基础设施不断改善、城镇化步伐逐步加快，农村人均可享受的教育、科技、医疗卫生等公共服务资源份额逐年上升，退耕群众的民生问题得到较好解决，健康、文明的生活方式成为农村群众的普遍追求。

3. 延安生态治理是实施乡村振兴战略的有益探索。

延安生态治理实践，为贯彻习近平新时代中国特色社会主义思想，建设生态文明、实施乡村振兴，进行了积极探索。多年来，延安积极培育和大力发展林果、棚栽等特色优势产业，极大地解放了农村社会生产力，彻底告别了面朝黄土背朝天的落后生产方式。一幅乡村振兴美好蓝图在延安大地逐步展现开来。

像对待生命一样对待生态环境

——云南省大理市古生村的美丽乡村建设

要把生态环境保护放在更加突出位置，像保护眼睛一样保护生态环境，像对待生命一样对待生态环境，在生态环境保护上一定要算大账、算长远账、算整体账、算综合账，不能因小失大、顾此失彼、寅吃卯粮、急功近利。经济要发展，但不能以破坏生态环境为代价。生态环境保护是一个长期任务，要久久为功。

云南省文山州丘北县普者黑湿地

一、背景导读

2015年1月19日至21日，习近平总书记在云南调研。在听取了云南省委省政府工作汇报后，他对云南经济社会发展取得的成绩和各项工作给予肯定，希望云南主动服务和融入国家发展战略，闯出一条跨越式发展的路子来，努力成为民族团结进步示范区、生态文明建设排头兵、面向南亚东南亚辐射中心，谱写好中国梦的云南篇章。

2015年1月20日上午，他来到大理白族自治州大理市湾桥镇古生村，详细了解洱海湿地生态保护情况。古生村位于洱海边，是一个典型的白族传统村落，已有1000多年历史。习近平总书记步行穿过村中街巷。街巷道路整洁，溪水环流，绿树成荫，洋溢着浓浓的民族气息。他同当地干部群众边走边聊，向他们了解村民增收和古村落保护情况，强调新农村建设一定要走符合农村实际的路子，遵循乡村自身发展规律，充分体现农村特点，注意乡土味道，保留乡村风貌，留得住青山绿水，记得住乡愁。在洱海边，习近平总书记仔细察看生态保护湿地，听取洱海保护情况介绍。在碧波荡漾的洱海边，他和当地干部群众合影后讲道：立此存照，过几年再来，希望水更干净清澈。一定要把洱海保护好，让“苍山不墨千秋画，洱海无弦万古琴”的自然美景永驻人间。

二、具体做法

古生村着力建设更加美丽富饶、有传承有记忆的乡村，走出了一条独具特色的生态环境保护与历史文化传承相结合的美丽乡村建设之路。

（一）牢记嘱托，打好思想之基

没有村民的参与，古生村美丽乡村建设只能是一句空话。从美丽乡村建设之初，古生村就明确了村民是真正的主体。只有村民认可了美丽乡村建设理念并积极参与其中，才能守住绿水青山、留住最美乡愁。这是古生村党员干部的普遍共识。

从“要我干”到“我要干”，把思想宣传教育工作作为美丽乡村建设的先导，古生村通过召开户长会、村民大会等形式，利用黑板报、广播等宣传方式，把习近平总书记考察云南重要讲话和对大理工作重要指示精神以及美丽乡村建设理念，宣传到古生村每家每户，提高村民环境保护意识，号召和动员全体村民参与建设，将美丽乡村建设的要求内化于心、外化于行，进一步增强村民美丽乡村建设的责任感和使命感，充分调动村民广泛参与美丽乡村建设的积极性。

美丽乡村是社会主义新农村的升级版，与过去的乡村建设相比，在内涵上有了新的拓展。大理州、市党委政府突出规划引领，进一步创新保护发展思路，科学编制长远规划。坚持生态优先、环保优先、彰显特色的原则，按照“依托古生现有山水文脉，保持古生自然格局，让居民望得见山、看得见水、记得住乡愁”的规划建设核心理念，编制了期限为15年的《古生村美丽乡村建设规划》，力争在保护的前提下，防止低水平重复建设，努力把古生村打造成为特色保护型村庄，村庄性质定位为休闲观光农业与乡村旅游胜地——中国最美乡村、让人“记得住乡愁”的中国美丽乡村典范。

同时，按照创建美丽乡村示范村的要求，精心编制实施方案。通过实施村容环境综合整治工程、传统村落保护工程、完善基础设施工程、省级民族特色旅游示范村创建、产业发展富民工程、村民自治综合改革试点“六大工程”，力争把古生村建成洱海之滨生态环保优先、白族传统文化浓郁、田园风光秀美、古生古色的魅力大理幸福家园。

（二）生态优先，守住青山绿水

古生村把保护洱海“母亲湖”作为“留住乡愁”的生命线，以洱海保护治理项目实施为重点，切实加强洱海流域保护网格化管理，深入开展洱海流域环境综合整治，营造优美整洁的村容村貌和人居环境。

2015 年，古生村优先实施了村落污水管网、到户收集全覆盖和污水处理设施工程。这套村落污水管网已投入使用，对古生村村民生活污水进行集中收集，并送入村庄外不远处正在运行的污水处理站。同时，古生村积极恢复建设以龙王庙为重点的洱海湿地，环海路以东湿地景观公园、七甲沟湿地景观公园建设已接近尾声。

在实施一项项环保工程的同时，古生村健全环保机制，建立镇、村、组、党员（村民代表）、农户五级洱海保护网格化管理责任制，认真落实“门前四包”责任制，加大保洁投入，聘请保洁人员，合理划分责任区，建立覆盖村内河道、主干道、滩地的定人、定时、定点保洁制度，垃圾收集清运形成了“户保洁、村收集、镇清运”的常态化长效机制。同时，通过入湖沟渠多塘系统沉淀池和拦污闸建设，古生村已建成多个多塘系统、拦污闸和沉淀池，有效净化农田尾水，并定时对所有入湖沟渠进行彻底清淤，对洱海岸线和湖滨带定人定责全天候保洁，确保垃圾不入湖。

（三）传承特色，留住乡愁

古村风貌是乡愁记忆的重要元素，也是古生村历史文化民族风情的重要载体。古生村将古村风貌保护整治作为美丽乡村建设的重点，完善传统村落保护管理办法，加大“古院、古物、古树”保护力度，保留古生村千年古村的白族村落风貌和历史文脉。

修旧如旧，保持古村风貌。制定《古生村保护管理办法》，对村内传统民居进行摸底调查、分类保护，对百年树龄的大青树和建于明清时代的福海寺、凤鸣桥、龙王庙、水晶宫、古戏台等文物古迹进行重点保护，对有较厚重历史和民族文化底蕴的白族民居古院落进行挂牌保护，对老民居消防安全隐患进行排查和整改落实。

突出民族特色，开展建筑风格整治。突出白族民居特色，按照保护古建、改造已建、引导在建、控制未建、拆除乱建的原则，根据海西农田保护和村庄规划建设管理的要求，对所有在建建筑进行全面清理，坚决制止违规建设行为；严把村民建房规划选址，严控新建筑物布局和建筑风格，为农户建房无偿提供白族民居建筑图纸；严守耕地红线，划定基本农田保护区，保护田园风光。

（四）改善民生，提升人居环境

建设美丽乡村，就是让农民在“吃好”“穿好”的基础上，过上环境整洁、内心愉悦、与自然融洽相处的更高品质生活。投入大量资金，实施进村路主干道和阳溪南路污水综合管网建设工程，进行龙王庙周边环境整治，实施破损路面修复和村中心广场提升工程。古生村按照“服务群众、群众自愿、群众认可、群众得实惠”的目标，千方百计完善村内基础设施、提升旅游景观。

（五）强化自治，和睦乡风民情

古生村以创建省级精神文明建设示范村为主线，还开展了善行义举榜评选活动和中华传统美德宣传教育活动，积极打造乡愁文化长廊，充分利用村头村尾、村心主干道及环海路墙体，通过传统白族彩绘手法进行展示宣传，展示古生人的精神风貌，提高村民自豪感及责任感。同时，开设古生村道德讲堂，开展“话传统、忆乡愁”节日活动、各类志愿服务活动和周末文化演出活动，展示古生悠久的民族文化，号召村民群众从我做起，共建文明美丽新古生。

同时，通过强化“美丽古生是我家，建设保护靠大家”的观念，古生村充分调动村民参与村庄建设管理的积极性，促进村民自治规范化、制度化。

建立健全古生村村规民约、村民理事会选举办法和章程、村民代表会议制度等规章制度，成立古生村保护建设管理促进会和古生自然村村民理事会，由有威望、能力强的党员和热心村务、熟悉村情、有责任心的村民共同组成促进会和理事会，带动全体村民对环境卫生、建筑风格、建筑秩序和村内婚丧嫁娶等进行自我管理和监督。

三、专家点评

大理古生村作出“采取断然措施，开启抢救模式，保护好洱海流域水环境”的决策，在生态优先下促进绿色发展，在绿色发展中落实生态优先，走出了一条独具特色的生态环境保护与历史文化传承相结合的美丽乡村建设之路。大理古生村绿色发展的主要亮点是：

1. 古生村的做法践行了绿水青山就是金山银山的理念。

守住了大理的绿水青山，就守住了金山银山，只有生态环境越来越好，才能真正促进大理旅游业的兴起，拉动经济发展。在古生村美丽乡村建设中要着力凸显生态保护为先的理念，形成环保绿色低碳的生产、生活方式。

2. 古生村以发展生态产业为突破口，大力推动传统产业转型升级。

通过发展生态农业，努力建成环境友好型的农业模式，从而保护好良好的生态环境和产业发展环境。为控制农业面源污染，古生村围绕打造生态高效农业品牌，在巩固提升湾桥大米、烤烟、生态蔬菜种植等传统产业基础上，调整产业结构，种植生态大米，积极开展古生村绿色食品基地认证工作，扎实开展绿色生态农业生产技术培训，推广绿色防控技术措施，要求农户严格按照绿色产品操作规程进行田间管理，帮助村民转变发展方式和生产业态。

3. 古生村发挥村民主体作用，积极践行美丽乡村建设。

从美丽乡村建设之初，古生村就明确了村民是真正的主体。充分调动村民参与村庄建设管理的积极性，动员全体村民参与建设，将美丽乡村建设的要求内化于心、外化于行，进一步增强了村民美丽乡村建设的责任感和使命感。

新区建设要高端化、绿色化、集约化

——贵州省贵安新区智能绿色规划

中央提出把贵安新区建设成为西部地区重要经济增长极、内陆开放型经济新高地、生态文明示范区，定位和期望值都很高，务必精心谋划、精心打造。新区的规划和建设，一定要高端化、绿色化、集约化，不能降格以求。项目要科学论证，经得起历史检验。

春日茶海碧连天。图为贵州省贵安新区的羊艾茶园。

一、背景导读

贵安新区地处贵阳市和安顺市相连中心地带，是以生态文明建设为战略定位的国家级新区，是贵州省建设国家生态文明试验区的前沿阵地和重要先行示范区，承担着环境安全、绿色发展和创新示范等任务。新区自成立以来，始终将生态文明建设放在突出的战略位置，在最大程度保护和利用好贵安新区的生态环境优势的前提下，推动贵安新区高端化、绿色化和集约化发展。新区空间布局坚持道法自然、天人合一、以人为本，山为景、桥隧连、组团式发展，精心打造工作、居住、休闲、交通、教育、医疗等有机衔接捷的“15 分钟城市生态圈”。

2015 年 6 月 17 日，习近平总书记到贵安新区考察新区总体规划和建设情况。得知新区已基本建成城市道路框架，入驻一批重大项目，习近平总书记很高兴。他表示：中央提出把贵安新区建设成为西部地区重要经济增长极、内陆开放型经济新高地、生态文明示范区，定位和期望值都很高，务必精心谋划、精心打造。

考察期间，习近平总书记听取了贵州省委和省政府工作汇报，对贵州经济社会发展取得的成绩和各项工作给予肯定。他希望贵州协调推进“四个全面”战略布局，守住发展和生态两条底线，培植后发优势，奋力后发赶超，走出一条有别于东部、不同于西部其他省份的发展新路。

当前，我国经济发展呈现速度变化、结构优化、动力转换三大特点。适应新常态、把握新常态、引领新常态，是当前和今后一个时期我国经济发展的大逻辑。要深刻认识我国经济发展新特点新要求，着力解决制约经济持续健康发展的重大问题。要正确处理发展和生态环境保护的关系，在生态文明建设体制机制改革方面先行先试，把提出的行动计划扎扎实实落实到行动上，实现发展和生态环境保护协同推进。

二、具体做法

作为全国首例国家级新区生态文明建设规划，新区积极推进中央顶层设计与地方具体实践结合，系统化地提出了后发地区绿色跨越发展新路径。

（一）优化生态和空间开发格局

以水生态系统保护为核心，突出水源地、水源涵养区等重要生态功能区的保护，强化生态功能区之间的连接，形成以水生态系统为核心的生态格局体系。

建立城乡共荣、产城互促、生态文明的城乡格局。以城镇组群为主体形态，构建“集中 + 分散”的板块差异式城镇发展模式，引导农村居民点整合，以优化公共服务设施配置为导向，建设综合性新型社区。强化“一核”，构建“一带”，打造“三大功能区”，培育“特色产业园”，推动产业布局集聚化、特色化发展。按照高端化、绿色化、集约化发展要求，贵安新区精心设计、高效统筹，采用组团式空间布局，注重山地特色和传承历史文脉。着眼于改善城市生态环境，注重发挥生态、社会、美化功能，构筑山地特色生态体系，促进城市生态环境质量的提高。坚持绿色富区、绿色惠民，建设美丽贵安，加快打造生态文明示范区。编制实施生态文明建设规划，率先推进低冲击开发模式，科学划定和严格管控水源、森林、滨湖湿地、基本农田、生态治理、风景名胜等保护红线区与城镇开发边界，规划构建了“五区为底、八廊通联、山城相嵌、景观通贯”的生态绿地系统。

（二）构建水系统敏感地区的流域控制体系

综合统筹小流域分区、水源保护区、水源涵养区，城镇、产业发展空间，采用空间叠加分析方法，划定一级空间管制综合分区，明确生态保护空间、城镇化发展空间和农业生产空间，确定国土空间开发格局和分区建设主导方向；以流域和排水分区为依据，划定二级空间管制综合分区，以水系统安全为出发点，明确各区域城乡发展和产业转型策略。

在充分保障生态需水的前提下，分流域、分区域核算资源环境承载力，构建流域水环境保护与治理的“源头预防——过程控制——末端治理”的整体框架。打造“十河百湖千塘”生态水系，开展生态修复和河道分段分类治理，强化湿地综合功能。

促进水资源节约集约利用。落实节约优先战略，节约集约利用水资源，全面实行水资源利用总量控制、供需双向调节、差别化管理。严格控制水资源开发利用、用水效率、水功能区纳污三条红线，实行用水总量控制，遏制用水浪费和水体污染。

（三）探索基于资源环境承载力的绿色转型发展方式

新区构建以电力为主、以天然气和生物质能源为辅的绿色能源体系，提高能源利用效率，引导低碳消费模式。大力实施“大生态 +”工程，推动工业转型升级和绿色发展，加快产业结构布局调整，严格产业准入，推进生态产业化、产业生态化。构建特色生态农业发展格局，培育循环农业、休闲观光农业、都市农业。传承和提升贵安特色的田园山水生态文化，创建生态文化旅游品牌。

坚持把大数据作为主导产业和核心竞争力来培育，引进三大电信运营商和华为等绿色数据中心，引入高通公司合作开发先进服务器芯片；产业选择上制定了严格的项目准入负面清单，坚决拒绝污染项目进入新区；园区发展规划建设电子信息、高端装备、生物科技等产业园区，把投资强度、单位面积产值等作为项目入园的前提条件。产业发展高端起步，重点发展大数据为引领的电子信息产业、高端装备制造、大健康新医药、文化旅游产业、现代服务业五大战略性新兴产业，加快绿色崛起。中国电信、中国移动、中国联通、富士康、美国高通、华为、腾讯、浪潮、东软、赛飞科等百余家大数据及关联企业的进驻，三一重工、中德西格姆、联影医疗、华大基因等一批科技含量高的引领性项目的落地或建成投运，标志着贵安新区在大健康医药产业、高端装备制造业、文化旅游产业以及现代服务业的高端起步。

严格建设项目及产业准入门槛。贵安新区主导产业定位在高端装备制造、战略性新兴产业及现代服务业，对生态环境的要求比较高。推动贵安新区发展，严格执行规划、产业、节能、环保、安全和投资强度等项目准入条件，同时严格禁止和限制与主体功能定位不相适应、与国家节能降耗政策相违背、与新区产业定位相矛盾的产业发展。

（四）建设高标准绿色智能低碳新区

加强土地开发管制，保留山体和大型生态斑块，推动海绵城市建设，全面推行绿色建筑，建设绿色生态城镇。通过设施配置、政策激励等手段，发展快慢串联交通模式，构建城际—城区—城乡低碳交通体系统。统筹新增建设用地和存量挖潜。按照控制总量、严控增量、盘活存量的要求，统筹贵安新区新增建设用地和存量挖潜，优化建设用地结构，落实建设用地空间管制要求，完善节约集约用地制度体系，提高土地利用水平。加强对用地开发强度、土地投资强度等用地指标的整体控制。

创新水污染整治模式，推进城乡污水基础设施建设；完善新区固废转运、处置及综合利用基础设施体系，提升资源化水平。开展生态文明云工程，促进环境基础设施智能化。

全面实施海绵城市建设试点工作，大力开展生态砂基透水和雨水收集系统示范建设。实施循环发展引领计划，着力推进产品全生命周期绿色化，加快循环经济示范园区建设，促进资源再生利用，实施建筑绿色节能化工程，推广绿色交通技术。

为了保护生态，新区依法严厉打击破坏生态环境的行为，关闭了一批煤矿和采石场，同时加快立法步伐，加大资金的投入，建立生态补偿机制，加快生态规划系统。主动淘汰落后产能，关闭直管区内一批砂石煤矿厂，搬迁污染和落后产能企业。建成国内最高标准污水处理厂和排污管网。在直管区范围，实现清洁能源入户。

（五）技术集成创新

探索利用先进的绿色循环化发展理念和技术，构建城乡建设、产业低碳循环、生态环保关键技术集成体系，促进示范项目落地实施。打造山清水秀、乡土特色、绿色智慧的红枫湖生态建设示范样板，生态文化鲜明、绿色低碳、面向未来的贵安生态新城新型城镇化样板，乡情浓郁、生态宜居、产业繁荣的平寨美丽乡村示范样板和生态自然、创新驱动、绿色发展的生态产业园区样板。依托大学城、职教城，引进了微软 IT 学院、印度 NIIT 学院，出台鼓励大众创业、万众创新系列政策措施。

（六）生态文明制度创新

积极探索生态文明机制体制改革，建立源头预防、过程控制、责任追究的生态文明制度体系，切实强化生态环境保护监管。为实施生态资源有价和生态补偿，真正扭转资源、环境和生态的制约。2014 年，贵安新区与其他国家级新区共同签署《国家级新区绿色发展联盟倡议》，发表《国家级新区绿色发展宣言》。2015 年，联盟聚焦国家区域发展战略布局等新常态下的区域绿色发展契机，联合国内国际的金融界、产业界、智囊界等优势资源与最佳智慧，相聚生态文明贵阳国际论坛，深度交流、共商绿色契机的共赢战略与合作。

保护自然生态系统功能。实行最严格的生态环境保护制度和水资源管理制度，切实保护好生态环境保护区范围内及周边红枫湖、百花湖等禁止开发区域的生态环境，实施主要河流、湖泊（水库）等流域以及环湖地区的污水收集处理工程、生态修复工程等综合治理项目，确保区域水质达到国家二级标准。依法落实生产建设项目水土保持方案报告制度，防止产生新增人为水土流失，实施岩溶地区石漠化综合治理、坡耕地水土流失综合治理等重点工程，保护生态环境。控制农业污染排放，推进企业清洁生产，加强城镇污水处理设施建设，提升垃圾等固体废弃物管理水平。

三、专家点评

作为唯一被赋予建设生态文明示范区战略使命的国家级新区，贵安新区牢牢坚守发展和生态两条底线，积极践行“绿水青山就是金山银山”理念，把生态理念内化于心、外化于行，渗透到新区开发建设的方方面面，按照“高端化、绿色化、集约化”的发展要求，奋力书写山青、天蓝、水清、地洁的贵安生态样板。贵安新区智能绿色规划的主要亮点是：

1. 制度绿色化。

围绕实现发展和生态环境保护协同推进，新区从完善体制机制着手，精心编制《贵安新区直管区建设生态文明示范区实施方案》，并以该方案为主导，相继出台了《贵安新区直管区基本农田保护制度》《贵安新区直管区生态环境负面清单制度》《贵安新区直管区环境污染第三方治理实施办法（试行）》等九大制度，以“1+9”制度体系为生态文明建设提供坚实的制度保障，使新区的生态文明建设有章可循、有据可依。同时，新区以开展生态文明建设三年攻坚行动、实施环保税制度、开展生活垃圾分类整区推进试点和资源化利用工作、开展环境保护区域联防联控、利用数字环保平台建立生态环境数据资源管理体系、严格落实三级河长制、开展生态日活动的方式，为新区的生态文明立体化建设打下坚实基础。

2. 生态绿色化。

在发展建设中，新区始终坚持绿色发展、生态优先的环保理念，聚焦山、水、城市等关键元素，着力推动生态环境与城市发展和谐共生。在水资源治理保护方面，新区大力实施“十河百湖千塘”生态水系工程，全面畅通河湖水系，规划建设新区环城水系，形成“一环、两河、十四湖”的规划布局，并对新区重要水域全面施行河长制，建成全国最高标准的污水处理厂。在生态林地保护方面，新区每年积极开展各类义务植树活动，积极推进绿色贵安行动计划，加强林地占用管理。在城市建设方面，新区围绕“打造全国海绵城市贵安样本”的目标，提出“全域海绵”理念，编制了《贵安新区海绵城市总体规划》《贵安新区中心区海绵城市建设专项规划》等一系列规划，改变传统城市建大管子、以快排为主的雨水处理方式，将城市分解成组团“微循环”。目前，贵安新区已成为全国率先完成海绵城市规划控制体系建设的试点。

3. 产业绿色化。

在产业发展中，新区牢守发展和生态两条底线，以大数据为抓手，充分发挥国家级新区先行先试的政策优势，以新能源汽车为突破口，已初步构建起集“发电端、储能端、配售电端、整车制造端、电桩端、后服务端”于一体的以大数据联通各端、覆盖全域的新能源产业发展新模式。同时，新区还以创建国家绿色金融改革创新试验区为契机，加快构建以绿色金融为支撑，着力搭建以绿色能源、绿色产业、绿色建筑、绿色出行、绿色消费全面发展的绿色发展体系，为建设美丽中国贡献贵安智慧和力量。

资源化、再利用、再循环

——宁夏回族自治区宁东能源化工基地发展循环经济

在我国西部建设这样一个能源化工基地，特别是建设一个目前世界上单体规模最大的煤制油项目，具有战略意义。要再接再厉，精益求精，严把技术关、质量关、安全关、环保关，保质保量按期完成建设任务。社会主义是干出来的，我向为社会主义大厦添砖加瓦的所有建设者、劳动者表示敬意。民族复兴事业前途光明，全面建成小康社会胜利在望，我们要埋头苦干、真抓实干，不断取得一个个丰硕成果。

现代化花园式煤矿，宁东能源化工基地梅花井煤矿厂区。

一、背景导读

宁东能源化工基地位于宁夏回族自治区中东部，行政区域涉及银川、吴忠两个地级市，灵武、盐池、同心和红寺堡 4 个市县（区），其中宁东能源化工基地核心区包括宁东镇、煤化工园区和临河综合项目区 A、B 区。宁东能源化工基地分为宁东煤炭基地、宁东火电基地和宁东煤化工基地这 3 个分基地，是国家 14 个亿吨级大型煤炭生产基地、9 个千万千瓦级大型煤电基地、4

个现代煤化工产业示范区和循环经济示范区，是国家绿色园区、新型工业基地和能源“金三角”重要一极，是国家产业转型升级、增量配电业务改革等试点地区，也是全国主体功能区规划确定的国家层面的重点开发区域。

自2003年开发建设以来，宁东能源化工基地取得长足发展。先后建成了世界首个100万千瓦超超临界空冷电站、世界第一个±660千伏电压等级直流输电工程、世界直流电压等级最高的宁东至浙江特高压直流输电工程、世界首套年产50万吨煤制烯烃装置、全球单套装置规模最大的400万吨煤炭间接液化示范工程等，煤制烯烃、乙二醇等项目正在有序推进，是全国最大的煤制油和煤基烯烃生产加工基地。

2016年7月19日，习近平总书记来到银川宁东能源化工基地，察看煤制油项目变换装置区，结合展板和主要产品展示，了解宁东基地规划建设总体情况，同技术研发团队代表交流。寄托着党和国家亲切关怀、承载宁夏跨越发展美好期盼，在建设历程中，宁东基地坚定不移地走绿色低碳和跨越式发展相结合道路，经济发展走在了宁夏回族自治区的前列，城乡面貌发生了巨大的变化，一个现代化的能源化工基地已初具规模。宁东能源化工基地着力打牢环保、安全两个基石，完成了国家、自治区下达的总量减排目标任务和各项考核指标，切实解决了一批突出环境问题，基本实现了“还清旧账”的要求，在经济快速发展的同时，保证了环境质量并逐步改善。

二、具体做法

2003年，宁夏回族自治区党委、政府在历届党政领导班子及有关部门和企业工作所创造条件的基础上，经过深入调研，审时度势，作出了开发建设宁东基地的重大战略决策，并将宁东基地建设确定为自治区的一号工程。

2012年9月，国务院批复了宁夏内陆开放型经济试验区，提出依托宁东基地建设国家大型综合能源化工生产基地、综合生产加工区和储备区，为宁东基地的进一步发展奠定了基础。

2015年6月，《宁东能源化工基地循环化改造示范试点实施方案》通过国家发展改革委和财政部的评审，宁东基地被确定为循环化改造示范试点园区。

2016年7月，习近平总书记视察宁东基地煤制油项目建设现场时，发出“社会主义是干出来的”伟大号召。2016年12月28日，煤制油示范项目成功出油，习近平总书记作出重要指示，对宁东基地的开发建设给予充分肯定和极大鼓舞。

（一）拓展延伸产品链，构建循环经济产业链

一是延伸煤制油产业链。重点推进煤制油副产品增值利用，依托煤制油副产的石脑油和液化气，延伸发展聚乙烯和聚丙烯产品；依托煤制油副产的精制尾油、稳定重质油及油洗石脑油等为

原料，延伸发展高端润滑油和环保溶剂油等各类产品；依托煤制油副产的轻质白油为原料，延伸发展轻蜡、重蜡等产品。

二是延伸煤基烯烃产业链。推动聚烯烃向差别化、功能化方向发展，重点开发高端专用料牌号的聚丙烯和聚乙烯产品，增强产品科技含量，提高产品在高端领域应用，打造高端塑料全产业链。坚持精细化、多元化、集群化发展，打造丙烯和乙烯下游高端全产业链，重点发展工程塑料、合成橡胶、合成纤维和精细化工四大产业集群。

三是延伸精细化工产业链。坚持煤化工产业由价值链低端向价值链中高端发展，依托甲醇、甲醛、碳四、芳烃、石脑油、液化气等原料优势，延伸发展清洁油品、甲醇钠、多聚甲醛、乌洛托品、香精香料、丁苯胶乳、液晶显示材料等精细化工产品，拉长产业链条，提高产品附加值。

四是推进产业融合发展。按照企业循环式生产、产业循环式组合、园区循环化改造的发展理念，加快推进现代煤化工与石油化工、轻工纺织、节能环保等产业融合发展，延伸产业链条，壮大产业集群。与石油化工融合发展，依托煤制乙二醇结合生产聚酯、长丝、短纤维、切片和包装膜等产品，为生态纺织示范区提供混纺面料、涤纶面料、服装及家纺织品等产品原料保障；同时，发挥现代煤化工与原油加工中间产品互为供需的优势，重点促进煤基油品和石油基油品互换调和，达到国Ⅴ及以上标准。与轻工纺织融合发展，依托煤化工生产的聚四氢呋喃等产品，延伸发展氨纶、芳纶等纺织产品。与节能环保融合发展，积极提高二氧化碳过程捕集比重，回收利用生产食品级二氧化碳产品，探索开展二氧化碳微藻转化、发酵制取丁二酸等应用示范及综合利用。

（二）多措并举，实现资源利用高效化

宁东基地按照“减量化、再利用、资源化、无害化”原则，践行低碳循环发展理念，加快实施园区循环化改造，延伸产业链，提高了产业链关联度，推动煤炭分级分质梯级利用、资源能源高效利用、废弃物资源化利用。推动企业循环式生产、产业循环式组合、基地循环式发展，高水平建设国家循环经济示范区。按照园区化、集约化的产业联合发展模式，通过物质流、能量流分析和管理，促进资源循环利用、产品原料互供互享、废物交换利用和能源梯级利用，形成了企业间相互依存、相互支持的共生组合，构建纵向耦合、横向延伸的物料交换体系。

一是推动企业间产品（原料）互供互享。通过聚四氢呋喃（PTMEG）原料生产环保型差别化氨纶项目、煤化工副产品芳构化制备国 VI 清洁油品项目、煤基废甲醇及混醇回收循环利用项目、MTP 副产芳烃抽提项目、电解铝生产高端电线电缆、节能型铝合金型材项目等一批推动产业链纵向耦合，横向延伸的重点项目实施，使宁东基地企业间产品（原料）互供互享，构建了园区企业间循环互动、回路闭合的产业链，实现了循环经济高效快速发展，企业间互惠互利，合作共赢。

二是实施重点用能行业能效提升计划。对标国际国内同行业先进水平，加快推进高性能企业节能改造和能量系统优化；推动重点企业能源管理体系建设，推行电力需求侧和能源合同管理；加快节能技术开发、示范和推广，全面推进节能改造工程建设；加大节能监察力度，提高能源循环利用水平。

三是构建水资源高效利用体系。坚决执行最严格的水资源管理制度，坚持“以水定产”，严守取水总量、用水效率、水功能区限制纳污“三条红线”，提高工业项目水耗准入门槛，单位产品新鲜水耗达到国际国内领先水平。深入推进高盐水、矿井水和工业废水高效利用。大力推广节水技术和产品，不断提高水资源利用效率。

（三）综合治理，推进生态环境共保共治

宁东煤化工基地是国家级循环经济示范区，园区工业污水只有实现零排放，才能缓解宁东地区缺水现状及污染问题。坚持产业发展和环境整治两手抓，盯紧中央环保督察组的反馈，督促企业发挥环境保护主体责任，合力抓好环保工作，打好蓝天绿水保卫战，推进美丽宁夏建设。作为国家循环经济示范区，宁东积极引导企业发展循环经济，实施清洁生产，开展循环化改造，从源头降低资源消耗，节煤、节水、节电，降低排放，提升产业链，实施循环发展。在“三废”治理方面，积极推进废水“近零排放”、废气“超低排放”、固废“综合利用”。

在水污染防治方面，宁东基地规模以上企业全部规划建设工业废水“近零排放”工程，中小企业工业污水经预处理后，交由宁东基地综合污水处理厂处理回用，全部实现循环利用。在大气污染防治方面，严格标准，全面推进“超低排放”。在固废危废污染防治方面，宁东基地火电、煤化工企业集聚，煤炭消耗量大，工业固废产生量大、增速快、同质化程度高。对粉煤灰、炉渣、脱硫石膏、气化渣和煤矸石进行集中分类贮存，满足宁东基地工业固体废物治理要求。强化并规范工业固体废物产生、贮存、运输、利用和处置的全过程环境管理，建成固体废物监控点位在线及视频系统，对基地工业固体废物实施全方位监管。

（四）加大投入，实现基础设施绿色化

按照国际国内先进工业园区标准，不断完善园区基础配套设施。现有大型化工和火电企业均利用自建蒸汽锅炉解决供暖问题，部分中小企业与拥有蒸汽锅炉企业合作，实现互供互享；集中建设动力岛，满足和保障工业热负荷需求。拥有集中仓储及物流配套设施，引进液体化学品仓储物流企业，拥有各类化工品仓储罐区及铁路专用线和装卸货位。

三、专家点评

宁东基地这块昔日荒凉的土地变得生机勃勃，焕发出工业经济发展的强劲动力，已成为宁夏工业经济的主战场和引领宁夏经济快速发展的“领头雁”，在国家能源化工产业发展领域的作用越来越突出、影响也越来越大。宁东基地发展循环经济的主要亮点是：

1. 主动融入国家能源产业战略布局，积极推进产业优化升级。

加快产业优化升级，提高经济发展质量和效益，是新常态下经济发展的客观要求。宁东基地在稳步推进煤炭和电力产业发展基础上，重点发展现代煤化工产业和甲醇经济，加快建设煤制油、煤制烯烃、煤制气和煤制甲醇等项目，延伸产业链，增加产品附加值，打造高端产业集群。

2. 坚持发展与环保双轮驱动，走出绿色低碳、循环发展新路。

既要金山银山，也要绿水青山，决不以牺牲环境为代价，决不要发臭的 GDP。宁东基地统筹考虑资源环境承载力，新上项目产品必须对标国际、国内产品单耗先进水平，加大对现存项目进行技改，降低能耗。加快推进环保基础设施建设，建立健全

“三废”全面量化控制体系，加大工业废水（高盐水）、矿井水集中处理和回收利用，引导企业合理利用水资源。积极支持工业固体废物综合利用产业发展，建成一批现代化固废综合渣场和综合利用项目，实现分类堆存、科学处置和综合利用。开展生态企业创建工作，实现企业间小循环、园区间中循环、基地大循环，实现了资源再利用、再循环。

干沙滩变成了金沙滩

——宁夏回族自治区原隆移民村生态移民

移民搬迁是脱贫攻坚的一种有效方式。要总结推广典型经验，把移民搬迁脱贫工作做好。要多关心移民搬迁到异地生活的群众，帮助他们解决生产生活困难，帮助他们更好融入当地社会。

坚决打赢脱贫攻坚战。图为宁夏永宁县闽宁镇原隆移民村。

一、背景导读

宁夏，不沿边、不靠海，地域小、人口少，但从不缺乏被爱的温暖。以习近平同志为核心的党中央，始终心系宁夏人民，情牵塞上发展。宁夏人民深深铭记，早在1997年，时任福建省委副书记的习近平，带着闽宁扶贫协作的使命、带着福建人民的深情厚谊来到宁夏，深入贫困地区考察，为闽宁对口扶贫协作作出顶层设计。自此，闽宁两省区跨越时空、跨越山海，展开了一场感天动地的倾情帮扶，创造了只有社会主义制度下才能发生的互助奇迹。

闽宁镇的建设始于贺兰山东麓荒漠的开发。1990 年，宁夏回族自治区党委、政府从西吉、海原两县通过易地搬迁方式，陆续在永宁县境内建立了玉泉营和玉海经济开发区两处吊庄。1996 年，党中央、国务院部署实施东西对口扶贫协作，决定由福建省对口帮扶宁夏。1997 年，时任福建省委副书记的习近平到宁夏调研，被当地的贫困状态震撼了，下决心贯彻党中央决策部署，推动闽宁开展对口帮扶，重点实施了“移民吊庄”工程，让生活在“一方水土养活不了一方人”那些地方的群众搬迁到适宜生产生活的地方。1997 年 7 月 15 日，闽宁村正式奠基。薪火相传接力建设。如今，闽宁村升格成了闽宁镇，人均年收入大大增加，这个被形容为“天上无飞鸟，地上不长草，风吹沙石跑”的地方已经变成了一方绿洲，成为远近闻名的特色小镇。

2016 年 7 月 19 日，习近平总书记来到银川市永宁县闽宁镇原隆移民村考察。这里就是 1996 年习近平亲自提议福建和宁夏共同建设的生态移民点。20 多年过去了，这里已经从人数相对不多的贫困移民村发展成为人数众多的“江南小镇”，从当年的干沙滩变成了今天的金沙滩。他沿途听取镇区规划建设情况介绍，实地察看花卉香菇种植、蔬菜香菇种植等农业科技大棚，了解该村种植、养殖、劳务等产业发展情况。在村党群服务中心，他详细了解闽宁镇扶贫攻坚、福建省对口帮扶等情况，并视察民生服务大厅、卫生计生服务站，对现场工作人员和办事、就医的群众表示慰问。随后，他来到回族移民群众海国宝家中看望，并同村民代表交谈。1997 年从西吉县移民到闽宁镇的谢兴昌激动地告诉习近平总书记，一家人搬到这里近20年，感到天天都在发生新变化，要说共产党的恩情三天三夜也说不完。习近平总书记回应他说：在我们的社会主义大家庭里，就是要让老百姓时时感受到党和政府的温暖。看到这里的移民新村建设得很规整、很漂亮，大家摆脱了过去的贫困日子，我打心眼里感到高兴。

二、具体做法

原隆村位于闽宁镇镇区以北，是永宁县最大的移民安置村。原隆村于2010年规划建设，2012年5月实施搬迁，到2016年9月经过前后8个批次的搬迁。因安置的移民群众均来自固原市原州区和隆德县的13个乡镇，故命名为原隆村。经过几年的培育发展，闽宁镇原隆村已形成了劳务输出、葡萄种植、光伏农业、肉牛养殖、红树莓种植为主的产业增收渠道。

（一）实施生态扶贫项目

闽宁镇大力推行“一户四牛一棚一电站”的“4+1+1”脱贫模式：为建档立卡贫困户在壹泰牧业每户托管4头肉牛，每户每年享受分红；为每户在盛景光伏科技公司种一栋大棚，每户每年享受分红；通过光伏小镇建设项目，采取“企业担保＋被扶贫户＋政府贴息”的模式进行光伏扶贫，为扶贫户的最低年收入做保证。

托管养牛，是永宁县政府惠及贫困移民的一项脱贫方案，主要依托当地的养殖龙头企业宁夏壹泰牧业公司，带动村民增收致富。宁夏壹泰牧业负责人介绍说：大多数移民贫困户没有养牛经验，单打独斗无法见效益。将牛“托管”在我们这里，他们不仅有稳定的收益，还可以外出打工，增加收入。

引入生态企业，因地制宜，发挥优势，依托贺兰山东麓独特的地理优势和生态气候条件，结合当地产业发展，原隆村大力发展有机枸杞种植，通过建设酿酒葡萄种植基地，帮助村民增收。

（二）探索发展光伏农业

在精准扶贫工作中，探索发展光伏农业尤为值得一提。如今，在原隆村，让人们津津乐道的莫过于青岛昌盛公司投资建设的光伏科技大棚项目了。光伏农业科技大棚是一种与农业生产相结合，棚顶太阳能发电、棚内发展农业生产的新型光伏系统工程，是现代农业发展的一种新模式。温室顶上，太阳能光伏设施可以满足温棚温控、灌溉、照明补光等电力需求，余电还可以并网销售给电网公司。温室内，立体化的种植有效地利用有限的资源、空间，提高了单位土地经济效益。光伏科技大棚内引进试种的食用菌、茶叶、航空蔬菜等新品种长势良好。光伏产业带动现代农业发展，不久的将来，若能带动周边移民发展休闲观光农业也不失为致富的一条好路径。这是一个把光伏发电与扶贫、农业开发相结合的光伏农业，通过发电的短期收益对农业进行以短养长。而在这里就业的员工主要为原隆村的贫困户。青岛昌盛日电太阳能科技股份有限公司于 2014 年在闽宁镇原隆村流转移民土地实施的集温室设施农业种植、光伏太阳能发电售电为一体的现代农业产业项目。已逐渐形成以花卉、茶叶种植为重点，以蚯蚓、蝎子特种养殖为亮点，以食用菌、有机蔬菜种植为抓手的产业布局，并帮助贫困户增加土地流转收入、带动就业以及设立年初托底分红计划。这种由“输血”变为“造血”，变“漫灌”为“滴灌”的造血式精准扶贫模式，既发挥了资本的效能，又尊重了劳动的价值，帮助贫困户在较短时间内实现脱贫致富奔小康的目标。公司为保障产业扶贫可持续发展，在产业链延伸、大棚改造，种植结构等方面进行一系列完善，摸索发展花卉产业扶贫，从现有技术优、肯吃苦的农户中选择生态移民进行承包，由公司统一安排品种，统一种植管理，统一分级保护价回购，统一销售，降低承包户经营风险。此外，全年有针对性地免费开展种植技术培训活动，真正让移民学到技术，实现产业扶贫。

（三）引导移民转移就业

为加快劳动力转移进程，原隆村积极实施生态移民培训工程，针对不同年龄层次、文化结构和从业特点，以及培训就业需求，实施新型农民、“阳光工程”、扶贫中长期农民工技能等培训项目，不断提高移民转移就业能力，并通过劳务派遣公司，进行劳务输出。

永宁县政府、闽宁镇还深入推进开发区、工业园区、大型企业与移民新村加强合作，引导移民转移就业。积极引进劳动密集型且低能耗、低污染企业在移民新村投资建厂，实现移民就近就地安置就业。离原隆村不远投资建厂的宁夏中银绒业的纺织厂就有效解决了村中女性移民的打工出路。

三、专家点评

原隆村结合发展实际，形成以劳务输出、葡萄种植、光伏农业、肉牛养殖、红树莓种植、光伏发电等产业实现增收，走上了脱贫致富路。宁夏原隆村生态移民的主要亮点是：

1. 从国家层面看，原隆村生态移民是全国主体功能区规划战略的延伸与创新，具有全局性和创新性意义。

原隆村地处黄河中上游，担负着西部生态屏障与保护黄河上游水资源的重任，在稳定西部生态系统，遏制沙漠化侵蚀，构筑祖国西部重要的生态安全屏障方面，具有重要的战略地位。此外，生态移民亦能推进沿黄资源富集区与生态脆弱区不同区域协调发展及模式创新以及黄土高原、黄河中上游生态综合治理，对改善生态环境和西部地区落后面貌与人民生活具有重要的政治意义和民生意义。

2. 从区域层面看，原隆村生态移民是深入实施西部大开发战略的重要实践，具有发展的前瞻性意义。

推进生态移民攻坚，促使农村劳动力向沿黄城市带转移和集聚，既有利于提高宁夏城镇化建设水平，支持沿黄经济区建设，又有利于地区人口、经济和资源环境空间均衡，保持和增强生态产品提供能力，遵循不同区域主体功能统筹考虑空间资源环境承载能力，提高城镇居住空间比例，还有利于地区空间开发格局清晰，结构优化和利用率提高，区域发展协调性增强和可持续发展能力提升。

后　记

党的十八大以来，在以习近平同志为核心的党中央坚强领导下，在习近平生态文明思想的指引下，美丽中国建设的决心之大、力度之大、成效之大，前所未有，取得了历史性的成就。2012年，党的十八大确立了生态文明建设作为统筹推进中国特色社会主义“五位一体”的总布局之一。2015年，党的十八届五中全会把绿色发展作为五大新发展理念之一。2017年，党的十九大确立了坚持人与自然和谐共生作为新时代坚持和发展中国特色社会主义的基本方略之一；并把污染防治攻坚战作为全面建成小康社会的三大攻坚战之一。2019年，党的十九届四中全会把坚持和完善生态文明制度体系作为坚持和完善中国特色社会主义制度，推进国家治理体系和治理能力现代化的十三个坚持和完善之一。习近平总书记在多次国内调研中反复强调要保持生态文明建设战略定力，而这些地方也按照党中央要求和习近平总书记的重要指示要求，推进生态文明建设。

沿着习近平总书记调研生态文明建设的足迹，理解习近平生态文明思想形成与发展的逻辑，使每个读者领悟贯穿其中的深邃的历史担当、真挚的为民情怀、务实的科学精神。一方面从实践视角，深刻领会习近平生态文明思想的丰富内涵与精神实质；另一方面通过讲述生态文明的中国故事，启发并激励每个读者探索美丽中国建设的规律与路径。正是基于这样的认识，本书选编的生态文明建设的案例，都是习近平总书记调研、考察过的地方。从“两山论”的提出地浙江湖州到总书记每年坚持义务植树的北京郊区；从总书记强调“自然资本”增值的重庆到“共抓大保护、不搞大开发”的长江经济带；从“中华水塔”三江源到守住发展和生态“两条底线”的“多彩贵州”……这些地方的干部与群众在习近平生态文明思想的指引下，因地制宜地创造了很多好做法、好经验、好机制，对于各地的生态文明建设具有有益的借鉴意义。

借助本书的出版，我们希望通过讲述一个个鲜活的生态文明建设的中国故事，为干部群众提供一个学习习近平生态文明思想内涵，交流生态文明建设工作的信息平台，鼓励大家不辜负习近平总书记的嘱托，牢固树立生态优先、绿色发展的导向，持续打好蓝天、碧水、净土保卫战。

曹立教授、郭兆晖副教授做了案例的选编与点评，中央党校经济学教研部的两位博士研究生——刘西友与徐晓婧在全书材料查找、文字校对上做了大量工作。本书在案例资料获得上得到了案例所在地区相关部门的大力支持，在此深表感谢！

生态文明是国之大者，是新的文明形态，是全人类追求的方向。愿以此书的出版为起点，讲述更多生态文明的中国故事。

编　者

2020 年 9 月 16 日